Bady language Psychology

一言一行烙印着你个性的印记

微小的动作也可能揭穿你淡定外表下真实的紧张……

微动作与心理学

邓涵兮◎编著

大脑中的每一个想法
都会引发一连串的身体反应

一个眼神，
一声咳嗽，
一瞬间的犹疑……
都能表现人真实的情绪。

◎◎◎ 微动作心理学，用全新的方式解读他人无声的语言 ◎◎◎

—— 提高自身辨识能力，避开社交陷阱，掌握交际主动权 ——

中国纺织出版社

内 容 提 要

微动作是一个人内心世界的投影，是外在的身体语言，透过不经意的大小动作体现的心理活动，精通心理学的人能读到许多不易被人察觉的信息。

本书结合微反应、微表情和心理学的知识，选取了日常生活中最为常见，也最容易被忽视的微小动作，以科学的态度、通俗的语言进行解析，让读者能够更深刻地了解身体语言中蕴含的丰富信息，学会解读他人行为背后的意义，在社交中做到知人知面又知心，并利用诸多心理学的内容指导自己到达成功的彼岸。

图书在版编目(CIP)数据

微动作与心理学 / 邓涵兮编著. —北京：中国纺织出版社，2015.4（2024.1重印）

ISBN 978-7-5180-1363-0

Ⅰ.①微… Ⅱ.①邓… Ⅲ.①心理学—研究 Ⅳ.①B84-069

中国版本图书馆 CIP 数据核字(2015)第 025512 号

责任编辑：闫　星　　责任印制：储志伟

中国纺织出版社出版发行

地址：北京市朝阳区百子湾东里 A407 号楼　邮政编码：100124

销售电话：010—67004422　传真：010—87155801

http://www.c-textilep.com

E-mail:faxing@c-textilep.com

中国纺织出版社天猫旗舰店

官方微博 http://weibo.com/2119887771

永清县晔盛亚胶印有限公司印刷　各地新华书店经销

2016年4月第1版　2024年1月第5次印刷

开本：710×1000　1/16　印张：16.75

字数：210千字　定价：50.00元

凡购本书，如有缺页、倒页、脱页，由本社图书营销中心调换

前言

有人说，人生就如同一部戏，我们每个人都在扮演着不同的角色。的确，在日常工作和生活中，我们每个人都要和各种各样的人打交道，但并不是每个人都会以真面目示人。对于你每天面对的那些人，你真的了解吗？对于自己的领导或同事，你又知道多少？

事实上，不管你是有出众的能力、渊博的知识，还是有过人的智慧，如果你读不懂心理学的知识，不能读懂对方的心理，也很难保持良好的人际关系。

其实，正确认识和判断一个人并不难，只要我们能学会细心观察他人的表情、说话的语气和举止，就能够知道他内心的真实想法。这就是我们现在经常提起的“微动作”。因为在一些微动作背后，隐藏一定的信息。比如，对方的服饰打扮乃至一个细小的装饰品，也可能表达他的性格、品位；当然，他人的一些生活习惯，比如吃相醉态、消费方式、口头禅、看电视的习惯等也是他们的性格和行为状态的外显。在具体的环境下，我们要学会应用一些心理策略，无论是职场、社交场合还是恋爱中，掌握他人的心理动态，然后对症下药，就能让我们说对话、做对事，从而达到我们想要的结果。

年轻人闯荡社会，多懂微动作心理学，能让你在交际中左右逢源；多懂微动作心理学，你更能获得朋友和亲人的真心；多懂微动作心理学，你才会占领博弈的制高点，赢得与对手的对决。

可以说，本书就是一本实用的心理学教程，翻开这本书，你会发现，它是非常详尽的身体语言指导手册，它会教你在与人交往的过程中如何用一双眼睛洞察周围的事物和周围的人，从而用一种正确的方式加以应对和处理，以至于助你到达成功的彼岸，赢得幸福的人生！

编著者

2015 年 7 月

目录

上篇： 身体微动作解析 / 1

第一章 身体语言：小动作随时都在“表达”内心 / 1

身体语言是不容忽视的信息传递员 / 3

解读身体语言要综合考虑各方面因素 / 6

小动作助你拉近人际距离 / 9

同一动作，会有不同的意义 / 12

掌握身体语言的十条戒律 / 16

第二章 眼能说话：眼部微动作心理分析 / 21

眼为心门，双眼能透露出什么信息 / 23

看对方的眼球来推断话语的真假 / 26

从眼神的变化来解读内心世界 / 28

通过视线来观察对方的心理 / 31

第三章 巧“手”能言：手部微动作心理分析 / 35

小小手势暗藏的意义 / 37

十指交叉意味着什么 / 40
用手指拨弄头发的含义 / 44
紧握的双拳想要宣泄什么 / 46

第四章 尽在掌握:手部微动作心理分析 / 51
手掌动作传达出的内心秘密 / 53
从握手方式看人的性格 / 56
握不好手,办不成事 / 59
避开握手的八大禁忌 / 62
最容易引起他人反感的握手方式 / 65
合掌伸指动作背后的真意 / 69

第五章 腿脚秘密:腿脚微动作心理分析 / 73
脚部动作比其他肢体语言更真实 / 75
一个人的站姿所暗含的心理信息 / 78
坐姿中的双腿交叉暗含了什么 / 82
为什么有些人会不自觉地抖腿 / 85
站立时用脚尖拍打地面的意思 / 88

第六章 身随心动:肢体微动作心理分析 / 91
一个人的坐姿透露的信息 / 93
看电视时的习惯透露出的信息 / 96
挑选座位的举动透露出的信息 / 99

第 七 章　言表心声:言谈话语微动作心理分析 / 103
看穿不同笑容背后的秘密 / 105
从打招呼的方式辨析 / 107
从语气中感受对方心情的变化 / 111
从会面场所的选择分析信息 / 114
从会面时的时间观念分析信息 / 117
口头禅彰显一个人的个性 / 120

第 八 章　习惯癖好:发现另外一个真实的自我 / 125
他为什么会自言自语 / 127
为什么有那么多购物狂 / 129
养宠物为什么能获得快乐 / 133

下篇:　社交微动作解析 / 137

第 九 章　日常生活中的小动作解析 / 137
手机依赖症,你有吗 / 139
经常把小票或发票揉成团 / 142
异常陶醉于照镜子的人 / 146
一边打电话一边信手涂鸦 / 149
看到别人排队也想加入 / 152

第 十 章　撒谎时的微动作你发现了吗 / 157
撒谎时眼神的典型特征 / 159

撒谎的人喜欢摸鼻子 / 162
抓耳挠腮等于口是心非 / 166
说谎者有哪些语言特征 / 168
提问细节,发现真相 / 171
分辨那些美丽、善意的谎言 / 174

第十一章 朋友的无意识行为解析 / 179

把“不过”挂在嘴边的人是怎样想的 / 181
谈话过程中吐舌头代表什么 / 184
他为什么总是喜欢穿黄色的衣服 / 186
笔迹背后藏了怎样的心理密码 / 190
你的同事是怎样整理文件夹的 / 193

第十二章 商务活动中的小动作解析 / 197

伸出双手与人握手是热情的表现 / 199
通过名片识人的简单技巧 / 202
对方突然整理领带意味着什么 / 205
眉毛突然挑动意味着什么 / 208
频繁点头的人 / 211

第十三章 洞悉职场达人微行为的真意 / 215

办公桌状态能看出一个人的工作态度 / 217
观察考官,求职面试中的心理技巧运用 / 221
面试中禁忌的一些微动作 / 224
火眼金睛,一步到位看清周围同事的性格 / 227
喜欢双手叉腰的同事内心强势 / 230

从上司的眼神看其态度与心情 / 233

第十四章 情场男女微动作的心理分析 / 237

情侣微心理:感情越是受阻,关系越是亲密 / 239

从购物、逛街的方式看爱人性格 / 242

嫉妒真的是爱情的印证吗 / 245

怎样看出她是否情感“走私”了 / 248

男人花心与否,你如何知道 / 252

参考文献 / 256

上篇：身体微动作解析

第一章

身体语言：
小动作随时都在“表达”内心

在现实生活中，我们会发现，人们在用语言交流的同时，也会伴随着一些肢体动作。比如，人们在高兴时不但会用语言表达喜悦，还有可能眉飞色舞，甚至手舞足蹈；伤心时会掩面哭泣；激动时会张大嘴巴等，在你看来，这些可能是人类毫无意义的习惯性动作，殊不知，这些看似不起眼的小动作，却时刻在表达着我们的内心，因为身体语言代表着人们内心最深处的想法，是最真实的感受。

身体语言是不容忽视的信息传递员

在日常生活中，人们常常提到身体语言，那么，什么是身体语言呢？人在做出相应的肢体动作的背后隐藏的含义即称为身体语言。身体语言代表着人内心最深处的想法，是最真实的感受。我们可以从身体语言中判断此人是否说谎，是否隐瞒，是否具有可信性与行为理解能力。懂得身体语言能帮助你快速适应社会交流，看清人为背后的含义。

身体语言的用途有很多，但最直接的莫过于可以通过阅读一个人的身体语言来了解其情绪、感受，进而知晓其内心世界。心理学认为，我们的大脑和身体的各个部位是同步的。当我们受外界刺激时，比如听到某些话或看到某些人，大脑就会产生某种想法或感觉，与此同时，我们的身体会做出与这些想法、感觉相对应的反应，并通过表情、肢体动作或姿势等反映出来。因此，通过观察一个人的身体语言，就能大体上推断出这个人的思想或情绪状态，并以此预测他下一步的决定和可能采取的行动。这一点无疑可以帮助我们建立和促进人与人之间的关系，在工作和生活中更自信、更有分寸地处理、把握各种不同的人际关系。因此，可以说，身体语言是不可忽视的信息传递员。

在《红楼梦》中，有这样一个情节：

贾敬大寿，宁府设宴唱大戏，少不了亲戚朋友捧场。王熙凤因为秦可卿病重，先去探望病人，在穿过花园去赴宴的途中遇见了贾瑞。凤姐儿正自看园中的景致，一步步行来赞赏。猛然从假山石后走过一个人来，向前对凤姐儿说道："请嫂子安。"凤姐儿猛然见了，将身子往后一退，说道："这是瑞大爷不是？"贾瑞说道："嫂子连我也不认得了？不是我是谁！"凤姐儿道："不是不认得，猛然一见，不想到是大爷到这里来。"贾瑞道："也是合该我与嫂子有缘。我方才偷出了席，在这个清净地方略散一散，不想就遇见嫂子也从这里来。这不是有缘么？"一面说着，一面拿眼睛不住地觑着凤姐儿。

不得不说，王熙凤虽然有时候心肠歹毒，但她却是个出色的交际家，更能看穿一个人的心思。在这段故事中，凤姐儿自然能从贾瑞的这一表情中看出他的叵测居心，从之后的情节中，我们了解到，她对贾瑞进行一番戏弄以后，看贾瑞远去，心里暗忖："这才是知人知面不知心呢，哪里有这样禽兽的人呢。他如果如此，几时叫他死在我的手里，他才知道我的手段！"而贾瑞也最终被王熙凤戏弄致死。我们姑且不去讨论王熙凤的歹毒，但可以发现，正是王熙凤的八面玲珑和敏锐的观察力，才能使她在贾府中如鱼得水，做到"一人之下，万人之上"。

以下是一些与人交往过程中的常识性身体语言，需要我们掌握：

付账：右手的拇指、食指和中指在空中捏在一起或在另一只手上作出写字的样子，表示在餐厅要付账。

愤怒、急躁：两手臂在身体两侧张开，双手握拳，怒目而视。也常常是头一扬,嘴里咂咂有声,同时还可能眨眨眼睛或者眼珠向上或向一侧转动。

很骄傲、不可一世:用食指往上刮鼻子。

赞同:向上翘起拇指。

讲的不是真话:讲话时,无意识地将食指放在鼻子下面或鼻子边。

别作声:嘴唇闭合,将食指贴着嘴唇。

害羞:双臂伸直,向下交叉,两掌反握,同时脸转向一侧。

威胁:由于生气,挥动一只拳头的动作似乎无处不有。因受挫折而双手握着拳使劲儿摇动。

绝对不同意:掌心向外,两只手臂在胸前交叉,然后再张开至相距一米左右。

因为事情失败而颓废:两臂在腰部交叉,然后再向下,向身体两侧伸出。

当然,观察他人的身体语言知识只是识别他人内心世界的一个方面,需要我们掌握和了解的还有很多,但最重要的是要懂得观察,于细微处看出一个人的心理动态,这样,即使面对那些经验丰富的人,也能先观其心再做出具体的应对策略。

心理启示:

在日常生活中,如果仅凭一个人的一面之词就与人交流,那么,我们很可能会对交流对象形成错误的判断。这增加了人们之间的隔阂,而不是互信。如果多角度观察,综合判断,我们就更能够发现有价值的信息。

解读身体语言要综合考虑各方面因素

我们都知道，一个人的性格、情绪、人品都会表露出来，一个人的内心世界也不可能没有外泄的部分，一个人在坐、立、行时所表现出来的身体语言就是很好的表露，只要我们善于发现，然后加以分析，即使“伪装”得再好的人，我们也能发现其破绽。

然而，人的身体部位由于不同环境、情景以及受到不同的生理作用的影响，所传达的心理信息是不同的，只有综合考虑各方面的因素，才能帮助我们正确地做好心理分析。可能你经常会听到身边的人这样说：

“他今天居然连胡子都没刮，一定是跟女朋友吵架了。”

“开会时老板一直看着我，对我点头微笑，一定是觉得我表现很好。”

“他说话一直在搓手，肯定有强迫症。”

……

有些人喜欢这样揣测他人的心理和情绪，而实际上，这些揣测并不一定正确，原因很简单，他们对他人身体语言的分析并不到位，比如说，“胡子没刮”，原因有很多种，可能是时间不够，也可能是其他生活问题，把原因归结于“和女朋友吵架”未免太过武断；“开会的时候老板的笑容”可能是针对所有人的;喜欢“搓手”,也有可能是因为紧张,并不完全是因为强迫症导致的……

很明显,如果要正确解读他人的身体语言,我们必须要综合考虑,掌握一些解读的规则,这些规则有:

1. 理解要连贯

有些人经常会犯一个最致命的错误,就是将研究对象的某个动作或者表情分离开,而忽视了其他相联系的表情、动作,然后片面地解读他人的肢体语言。

比如,与人说话时,看到对方挠头,就以为对方是尴尬,其实,挠头的原因有很多,比如,去头屑、头痒、不确定、健忘或者是撒谎等,所以,其具体含义还应当取决于同时发生的其他表情和动作。

其实,我们说的每句话是可以分解的,可以将其分解为词组、标点等,每一个表情或动作就好比一个词,而每一个词的含义都不是唯一的。

因此,只有把一个词语放到句子里,配合其他词语一起理解时,你才能彻底弄清楚这个词语的具体含义。以“句子”的形式出现的动作或表情被称为肢体语言群,就好比我们如果想说一句话,就至少需要用三个词语来组织才能清楚地表达说话的目的。可以这么说,如果一个人能够读懂无声的肢体语言长句,并且准确地将它们用有声的话语表达出来,那么,他的“感知力”一定很强,或者说他的“直觉”一定很灵敏。

所以,如果想获取准确的信息,就应该连贯地来观察他人的肢体语言。

当我们感到无聊,或是有压力的时候,常常会不断地重复做一个或者多个动作。不停地摸头发或玩头发就是这种情况下最常见的一种表达方式，可是，假如不考虑其他动作或表情，同样的动作却很有可能表示这个人心中很焦虑，或是不确定。

2. 寻找一致性

研究表明，通过无声语言传递的信息所产生的影响力是有声话语的5倍；而且当两个不同的人进行面对面交流的时候，尤其当这两个人都是女人的时候，她们几乎会全部依赖无声的肢体语言进行交流，而无视话语所传递的信息。

西格蒙德·弗洛伊德曾经遇到过这样一个案例。案例中，病人告诉他，她的婚姻生活十分幸福。在谈话中，这位病人不断地将她的结婚戒指取下，然后又戴上。弗洛伊德注意到了她的这一无意识的小动作，他很清楚这意味着什么。所以，当有消息传来说她的婚姻出现问题时，弗洛伊德丝毫不感到惊讶，因为一切都在他的意料之中。

观察肢体语言群组，注意肢体语言与有声语言的一致性就好比两把金钥匙，它们能够帮助我们打开肢体语言的宝库，从而正确地解读出无声语言背后的真正含义。

3. 理解要结合语境

对所有动作和表情的理解都应该在其发生的大环境下来完成。

举个很简单的例子，在地铁里，寒风瑟瑟，你看到一个人，双手抱在胸前，那么，你应该很清楚，他这样做，并不是为了保护自己，而是为了取暖。同样的情况，如果放到谈判桌上，那么对方的意图就是自我保护，你应该明白,他其实是想借此告诉你,他对你的话持否定的态度,或者他对你有敌意。

心理启示:

身体就像一个无法关闭的传送器,时刻传送着人们的心情和状态。语言通常用来表达正在思考的东西或概念,而非语言信息则较能传递情绪和感受。因此,在解读肢体语言时,必须要综合多方面因素考虑。

小动作助你拉近人际距离

我们通常会以为交际的技巧在口头语言上,而实际上,这只是人们的主观感受,事实并非如此。人们使用最频繁的是非语言的交谈方式,就是人们常说的“肢体语言”,它通常是在说话之前就已经表达出了我们的感觉和态度,反映了我们对他人的接受度。有数据显示,一个人要向外界传达完整的信息,单纯的语言成分只占7%,声调占38%,另外55%的信息都需要由非语言的体态来传达。而且因为肢体动作通常是一个人下意识的举动,所以,它很少具有欺骗性。

既然微动作在人际交往沟通中起着如此重要的作用,那么在交谈的时候,就一定要注意肢体动作的利用。尤其是与陌生人交往的时候,善用微动作,更能有效地拉近彼此间的距离。

这需要我们从现在起，就尝试使用这些肢体动作：

1. 接触

比如握手，这不仅是一种礼节，更能体现你的热情与友好，几乎所有的人都喜欢这种身体接触。

有一次，林肯乘船沿河视察。途中，他与船员一一握手，一位加煤工腼腆地缩着手说："总统，我的手太黑了，不便与您握手。"林肯爽朗地笑着说："把手伸过来吧，你的手是为联邦加煤弄黑的！"林肯总统的手和加煤工的手紧紧握在一起。

抛开国体、政体不谈，假如我们是那个机械师、那个加煤工，单就领袖的平易近人、对一个普通工人所做工作的肯定，我们会怎样对待工作呢？有句话说："握不好手，办不成事。"可见握手在人际交往中的重要性，那么，我们怎样才能"握好手"呢？

比如，参加聚会时应先与主人握手，再与房间里的其他人握手。男士与女士握手时待女士先伸出手，而不能主动与女士握，握时应轻握女士的手指部分，不要握手掌部分。不要随便主动伸手与长者、尊者、领导握手，应等他们先伸手时才能握。对方可能未注意到自己已伸手欲与之相握而未伸手，应微笑地收回自己的手，无须太在意。

2. 展开你的笑颜

人们对于那些总是报以微笑的人似乎总是多一份好感。微笑是一种易于被接受的非言语信号，给人以友好、热情的印象。

当我们对他人微笑时，传递的是友好、渴望沟通的信息，对于对方来说，自然也能感受到你的暗示,那么,他们通常都会以微笑来回应你。

很多心理学家也都指出,微笑是与人交流的最好方式,也是个人礼仪的最佳体现。我们可以从日常观察中发现,没有谁喜欢看到与之交往的对象愁眉苦脸的样子。因此,你若希望给对方留下一个好印象,就一定要学会露出受人欢迎的微笑才行。

当然,应该注意的是,微笑并不是简单的面部表情,它应该体现整个人的精神面貌。所以,我们可以在平时多对周围的人发自内心的微笑。这样就能避免在与他人沟通时僵硬地笑了。

当闲来无事时,你可以尝试以下这种训练微笑的方法:先坐在镜子前,整理一下自己的衣服,闭上你的眼睛,调整你的呼吸使之匀速。然后开始深呼吸,让你的心静下来,接下来,睁开眼睛,你看到镜子里的你是不是看着清爽了很多,既然如此,那么,笑一笑吧:让你的嘴角微微翘起,舒展你的面部肌肉,如此反复,训练时间长度随意。这是一种最常见并有效的训练方法,

3. 张开你的双臂

这是一个热情的动作。可以想象,当你遇到某人的时候,如果他交叉双臂站着或坐着,说明他很冷漠,一点儿也不高兴。因此,当你交叉双臂站着或坐着时,你给他人的感觉是:你不愿意交谈,你有防备心,你将自己封闭起来。手捂着嘴(或手捂着嘴笑)或支着下巴的动作表明你正在思考。反过来,你也可以想象一下,如果是你,也可能不会打扰一个正在深思的人吧。另外,如果双臂交叉,你自身也会显得局促不安,从而让他人也不愿意靠近你,因为在与你交谈的时候,他们也会感到不自在。

所以，如果想向对方表达出你的热情，就张开你的双臂，即使看起来有点夸张，也比交叉抱着双臂要好得多。

4. 身体微向前倾

和对方谈话的时候，身体微微前倾，表明你对他的话题感兴趣。而这对于他来说，显然是一种尊重，他自然很愿意同你交谈下去。

心理启示：

在人与人沟通中，真正展现热情与真诚有时候并不是语言，也就是说，也许最重要的交谈技巧之一并不是语言，而是我们的身体。掌握一些基本的微动作，就掌握了与人初次交谈的一种本领，保证能让你吸引对方的注意力。

同一动作，会有不同的意义

我们都知道，不同的国家，文化背景不同，交际方式也不同，我们先来假想一下：

有一个中国男人，在跟一个美国妇女谈话时看着对方，这是否失礼？

我们通常的摇头表示“不”的含义，在其他国家也是如此吗？

在大街上，看见两个同性青年勾肩搭背或者手牵手，有没有觉得怪异？

……

以上这些都属于非语言范畴,也就是身体语言。的确,在与人交往的时候,沟通的方式绝不仅限于语言,还有肢体动作。举手投足之间,都向别人传递着信息。按照中国人的习惯,点头表示赞同,微笑表示欢迎,皱眉表示厌烦等,这些简单的小动作其实都是文化的一部分。

然而,大部分人可能没有意识到,即便同一个动作,在不同的文化背景下,它的意义也是不同的。不同的民族有不同的非语言交际方式。就拿点头这个最具有普遍意义的动作来说,在中国和美国表示的是赞同,但在尼泊尔、斯里兰卡和爱斯基摩,却表示“不”的含义,可能你会觉得匪夷所思,但这就是文化的差异。我们在与其他国家的人交流时,即便你能熟练地运用外语,也还是应了解一下他们的手势、动作、举止所表达的含义,只有这样,才能减少交流障碍。

我们先来看下面一个故事:

在美国纽约的一所中学里,有很多外籍学生,其中就有一个十来岁的波多黎各姑娘,她是一名品学兼优的学生。但最近,校长却怀疑她和另外几个女孩在学校里抽烟,认为她做贼心虚。他的理由是,这名女孩被校长叫到办公室以后,总是低着头,不敢正视校长的眼睛。最后,校长将这个拒不承认错误的女孩赶出了学校。

女孩的父母知道这件事后,请来家庭教师,这名教师刚好是拉丁美洲出生的,在经过一番调查后发现,女孩与校长之间只是误会一场。

于是,家庭教师来到校长的家里,对校长解释说:就波多黎各的习惯而言，好姑娘“不看成人的眼睛”这种行为“是尊敬和听话的表现”。

校长是通情达理的，他接受了家庭教师的说法，并承认了自己的错误，妥善处理了这件事。这种目光视向不同的含义给他留下很深的印象，也使他记住了各民族的文化是多种多样的。

这就是典型的因为文化差异造成的误会。肢体语言的一个重要方面是目光的接触。在一些国家，人们认为直视对方的眼睛是很重要的。美国人便是如此，但在美国，并不是所有的民族都这样。而在一些英语国家，盯着对方看或看得过久都是不合适的。即使用欣赏的目光看人——如对方长得漂亮——也会使人发怒。

接下来，针对同一动作在不同文化背景下的不同含义，我们可以作出一些简单的归纳：

掌心向下的招手动作：在中国主要是招呼别人过来，在美国是叫狗过来。

OK手势：这一手势本来源于美国，表示“同意”、“顺利”、“很好”的意思；而在法国则表示“零”或“毫无价值”；在日本是表示“钱”；在泰国表示“没问题”，在巴西表示粗俗下流。

翘起大拇指：一般都表示顺利或夸奖别人。但也有很多例外，如在美国和欧洲部分地区，表示要搭车；在德国表示数字“1”；在日本表示数字“5”；在澳大利亚表示骂人“他妈的”。与别人谈话时将拇指翘起来反向指向第三者，即以拇指指腹的反面指向除交谈对象外的另一人，是对第三者的嘲讽。

“V”形手势。这种手势是“二战”时的英国首相丘吉尔首先使用的，现在已传遍世界，表示“胜利”。如果掌心向内，就变成骂人的手势了。

在英语国家里，一般的朋友和熟人之间交谈时，会避免身体的任何部位与对方接触。即使仅仅触摸一下也可能引起不良的反应。

除轻轻触摸外，再谈一谈当众拥抱的问题。在许多国家，两个妇女见面拥抱亲吻是很普遍的现象。在多数工业发达的国家，夫妻和近亲久别重逢也常常互相拥抱。两个男人能否互相拥抱，各国习惯也不同。阿拉伯人、俄国人、法国人以及东欧和地中海沿岸的一些国家，两个男人也热烈拥抱、亲吻双颊表示欢迎，有些拉丁美洲国家的人也是这样。不过，在东亚和英语国家，两个男人则很少拥抱，一般只是握握手。

在英语国家，同性男女身体接触是个难以处理的问题。一过了童年时期，两个人就不应手拉手或一个人搭着另一个人的肩膀走路。因为这意味着同性恋，在这些国家，同性恋一般会遭到社会的强烈反对。

总之，在不同国家、不同地区、不同民族，由于文化习俗的不同，同一动作的含义也有很多差别，所以，肢体语言的运用只有合乎规范，才不至于惹出是非。

心理启示：

不同文化背景下，即使是相同的动作，也有不同的含义，事实上，对肢体语言的研究有助于语言的研究。另外，有些时候，人的动作与说的话并不一致，说的话与肢体语言表达的意思也不一样。这时，我们就要将二者与整个情景结合起来理解，以免发生误解。

掌握身体语言的十条戒律

生活中，大部分人都希望能掌握窥探他人内心的本领，因为这能帮助人们更好地参与人际交往，达到自己的交往目的。当然，并不是所有人都能掌握这一本领，为此，心理学家建议，要想掌握身体语言的秘密，就需要掌握十条戒律。

戒律1：用心观察，做个称职的观察者。

对于想解密身体语言的人来说，这是最基本的要求。

现在，我们先来假想一下，假设坐在你对面的人正在向你倾诉内心的苦水，但你的耳朵里却塞着耳机，不难想象，这是一个多么愚蠢的举动。任何一个称职的聆听者都不会带着耳机参与谈话。事实上，一些人在面对身体语言时，就好比戴了耳机一样，根本没有察觉到对方身体发出的信号。问题的症结在于，这些信号不是无法发现，而是人们疏于观察。心理学家曾做过这样一个有趣的实验：

为了训练学生的观察力，实验的主导者穿上了大猩猩的服饰，然后，他从人群中走过，与此同时，其他的一些活动也在进行，到最后，实验表明，有一半左右的学生没有注意到这只异常的“大猩猩”。

在我们的生活中,可能你也会经常听到这样的一些抱怨:

“那时候我在跟他争吵,但不知不觉中,他居然打了我,我怎么就没有察觉到呢?”

“昨天我的丈夫突然对我提出来离婚,我当时都懵了,我以为他一直很满意我们的婚姻。”

“学校老师打电话来告诉我,我那15岁的儿子居然嗑药三年了,但是我一直都不知道。”

“我以为老板对我的工作很满意,但是没想到他却把我解雇了。”

从这些抱怨的话中,我们看到了悔恨和惊诧,之所以会有这样一些结果,与他们疏于观察是分不开的。

的确,在从小到大的学习中,我们并未接受这门课程的教育。幸运的是,经过后天的努力,我们是可以获得这门技能的。我们需要做的是让观察——用心地观察——成为生活的一部分。对周围世界的观察不应该是一种消极的行为,而应该是一种自觉、投入的行为,是一种需要付出努力、精力和专注力方可练就的能力,同时,它也应该是一种需要长期训练获得的能力。

戒律2:结合具体环境观察。

观察他人的身体语言时,如果能将其所处的环境也考虑其中,你的理解就会更透彻。比如,假设你所观察的对象是刚目睹一场车祸的人,你会发现,人们表现得很震惊,然后是茫然地走来走去,甚至还有可能走向那些经过的车辆,之所以会有这样的表现,是因为人们的大脑受到边缘系统的控制，于是就会出现颤抖、迷失方向、紧张等不适现象。

所以，当一个人出现以上现象，我们可以想一想其中的原因。

戒律3：认识普遍存在的非语言行为。

有些身体语言具有普遍性，例如，人们有时会紧闭双唇，这清晰地说明了他们遭遇了麻烦或是什么地方出现了问题，这被称为嘴唇按压。抓住对方一点点不自觉的动作，有时可以有效地处理一些问题。

戒律4：解密特异的身体语言。

普遍的非语言行为构成了一组肢体线索，每个人几乎都是一样的。但还有一种身体语言线索，是只专属于某一个个体的独特信号。

想要识别它们，就需要仔细观察周围的熟人，相处越久，就越容易发现。例如，你的同学在考试前有挠头或咬嘴唇的动作，你应该明白他非常紧张，这样的举动是他缓解压力的方法，以后你便会一次又一次地看到。

戒律5：与他人互动时寻找基线行为。

对于周围的人，你必须注意仔细观察他们，比如他们的坐姿是怎样的，常常如何摆放物品等，这样能帮助你分辨出他们的常态与特殊状态。

戒律6：寻找多种信息综合判断。

精湛的应对能力能提高你通过观察获得多种信息的能力。掌握的行为信号越多，越能帮助你接近最真实的答案。

戒律7：一个人行为的变化很重要，它会告诉你这个人的思想、情感、兴趣和意图。

比如，当一个满心欢喜奔向主题公园的孩子被告知公园已经关门时，他的行为会立刻发生变化;当我们从电话里听到不好的事情或看到某件令人伤心的事情时,我们的身体会马上对这种改变做出反射。

戒律8:学会发现虚假的或误导性的非语言行为同样很重要。

练就这种区别真线索和误导性线索的本领需要大量的实践和经验,不仅需要用心的观察,还需要缜密的判断。

戒律9:区分舒适与不适,帮助你找到译解非语言行为的侧重点。

戒律10:观察要细微。

心理启示:

生活中,大多数人都注意不到周围世界的细节变化,因此,也就意识不到周围环境的丰富多彩。一个人举手投足间的动作可能与他的思想或目的大相径庭,但是却没人发现。

第二章

眼能说话：眼部微动作心理分析

人们常说，眼为心神，眼睛是心灵的窗户，更是影射内心的一面镜子，无论一个人心里正在打什么主意，他的眼神都会立刻忠实地告诉别人，他在想的是什么。因此，在与他人的交流过程中，我们完全可以通过对方眼睛的形状、大小以及眼部的动作、眼神的转移来窥探其心理活动。也就是说，通过眼睛这扇小窗户，我们往往能听见“千言万语”！

眼为心门,双眼能透露出什么信息

在人类的感觉器官中,眼睛是最重要的器官之一。科学家经过研究证实,人类有80%的知识都是通过眼睛观察得到的。眼睛不仅可以让我们读书认字、看图赏画、欣赏美景、观察人物,还可以帮助我们辨别不同的色彩和光线,然后将这些视觉、形象转变成神经信号,传送给大脑,从而增强我们的记忆能力。

人们常说,“眼睛是心灵的窗户”。灵魂储藏在你的心中,闪动在你的眼里。孟子在《离娄章句上》中有一段通过观察人的眼神来判断人心善恶的论述:“存乎人者,莫良于眸子。眸子不能掩其恶。胸中正,则眸子嘹焉;胸中不正,则眸子...w(眼睛昏花)焉。听其言也,观其眸子,人焉.^(藏匿)哉?”眼神毫不掩饰地展现了一个人的学识、品性、情操、性格等。戏剧表演家、舞蹈演员、画家、文学家、诗人都着意研究人类的眼睛,认为它是灵魂的一面无情的镜子。

在交谈过程中,眼睛是仅次于语言的重要工具。人与人之间除了需要语言的交流,眼神的交流也是必不可少的。在人类的面部表情中,眼神是最为微妙复杂的,不管是用眼神表达信息,还是准确地理解别人的眼神所表达出来的信息，都非常困难。但很多时候，眼神是无法掩饰的，它往往更能真实地表达出一个人的品质、修养以及心理状态。如果能够充分地理解别人的眼神所表达的意思，就能够觉察到对方真实的内心世界，从而更好地与之交流。

杜红是刚毕业的一名大学生，有幸的是，她应征上了一家大型公关公司的策划人职位，成为人们常羡慕的白领一族。

上班第一天，她带着谨慎来到公司，如她所料，办公室里果然是美女如云，站在人群中，杜红突然有了一种“丑小鸭”的感觉，正在这时，一个美女走过来，热情地冲杜红打招呼，杜红自然也是热情地回应，然后杜红也打量了一下这位同事，她颇有王熙凤的风范：一身很惹眼的名牌。而正当这位同事和自己说话时，她看到其他好几个同事都投来鄙夷的眼神，杜红立刻意识到这应该是一个不受欢迎并且爱表现的同事，然后她给自己敲了一个警钟：以后不要和这个同事深交，否则不仅在职业上没有上升的空间，还会得罪所有人。

上班的第一天，根据自己的观察，杜红把办公室里的同事以及领导都划归为几个类型。并用不同的方式与他们相处，果然，不到半年，她就在一片支持声中升职了。

现代社会的职场人士，除要具备一定的职业能力外，还必须学会怎么和同事、上司相处，杜红的聪明之处，就是她在上班的第一天，通过同事们的眼神了解到了办公室的同事关系，给自己打了不同的预防针。

那么，不同的眼神有什么不同的含义呢？下面，让我们一起来学习一下。

1. 眼神能反映一个人的自信程度

一般来说，自卑的人，眼神往往躲躲闪闪，很难长久地注视别人，一旦发现别人在注视他，就会将视线突然移开；性格内向的人，无法将视线集中在对方身上，即使偶然看对方一眼，也是一闪而过，这种人往往不善交际；相反，那些自信的人，他们的眼神是笃定的，坚定不移的 。

2. 眼神能反映一个人的专心程度

三心二意的人，听别人讲话时会一边点头，一边左顾右盼，从来不把视线集中在谈话者身上，这说明听话的人对说话的人以及说话人所说的话题不感兴趣。凝神倾听的人，总是将视线集中在对方的眼部和面部，以表示对对方的尊重和理解；心不在焉的人，注意力则集中在自己正在做的事情上，非但不看对方说话，而且反应冷淡。

3. 眼神能反映一个人的情感

如果两个人彼此心存好感，那么说话的时候往往喜欢注视对方的眼睛，以达到眼神的沟通、心灵的交流；相反，如果两个人话不投机，就会尽量避免注视对方的目光，以消除不快。此外，漠视的眼神给人一种“拒人于千里之外”的感觉，还有一种轻蔑的意思在里面；眯视也是不太友好的表达，给人一种睥睨和傲视的感觉。

4. 眼神能透露出对方的精神状态

一个健康、精力充沛的人的眼睛通常明亮有力，眼睛转动灵活机警，眼光清晰。

一个疲劳的人眼睛会显得目光呆滞、眼光混浊。

一个乐观的人眼睛通常充满笑容,善意十足。

一个消极的人往往眼睛下拉,不敢正视别人的目光。

心理启示:

在人际交往中,眼神的交流作用非常重要。很多时候,眼神是无法掩饰的,因为它往往更能真实地表达出一个人的品质、修养以及心理状态。如果能够充分地理解别人的眼神所表达的意思,就能够觉察到对方真实的内心世界,从而更好地与之交流。

看对方的眼球来推断话语的真假

德国著名心理学家梅赛因也说:“眼睛是了解一个人的最好工具。”此言非虚。语言可以说谎,但眼睛却不会。很多时候,一个人的眼球变化更能体现其内心情绪的波动。因此,在与人交往中,那些细心、聪明的人往往会根据对方的眼球来判断对方话语的真假。如果一个在说谎,他的眼球就会转来转去;如果一个人真心实意地对待你,他的眼球所发出的视线就会一直朝向你,表明他不是在说谎。因为如果一个人在说谎,他的内心会很慌张,大脑也会跟着紧张起来,会不停地在想要说些什么话你才相信,所以眼球也会一直乱动,深怕你发现他在骗你,逃避你的眼神,不敢正眼看着你,是因为骗你时心里内疚。如果是一些骗人高手,他就会跟着你的眼神走,你看哪,他就跟着你看哪,因为骗你的时候紧张,又怕你发现,所以干脆就跟着你的眼神走。

一个人心里特别难受的时候,眼里会饱含泪水,但是又不想被人发现,所以眼球看起来会一闪一闪的。如果一个人很开心,眼睛里就会清澈明亮,并且眉开眼笑的。如果一个人很生气,眼里虽说看不到火焰,但是眼神会特别地吓人,而且会一直死盯着你看。如果一个人很恨你,就不只是会用眼神杀死你,更会恶语相加。一个人要是很单纯、善良、天真,他的眼球中就会一点杂质都没有,就是很清澈、很水汪汪的那种,而且看待任何人都是同一个眼神,不会变换,除非生气、开心,平常都是用同一种眼神看人,要是谁陷入危难,他的眼中会闪过一丝不安和焦虑,一丝担心和关心。

那么,具体说来,我们该怎样根据对方的眼球来推断对方话语的真假呢?

第一种——说真话时的眼球:谈话时突然中断眼神交流,而往左下方看的时候,表示正在回忆,所说的话有可能是真的。

第二种——说假话时的眼神:谈话时突然中断眼神交流,而往右下方看,表示正在编造谎话。

第三种——对现状表示少许尴尬和回避时的眼神:谈话时,突然中断眼神交流,面带微笑地躲避对方的眼神,是一种窘境的表现,说明你触及了他内心的羞愧感。

当然,要看一个人说话的真假,不仅要学会看眼球,还要学会看行为举止，还有说话时的语气和表情，要多方面地去观察。

心理启示：

人们所表现出来的最难以掩饰的部分，往往不是肢体动作、不是语言，而是眼睛，眼神里所传达的信息是无法伪装的。我们看眼睛，不但要看大小圆长，更要看眼神，而有什么样的眼神，很多时候都是由眼球来决定的，观察眼球的变化，有助于人与人之间的交流。

从眼神的变化来解读内心世界

在人的脸部，眼睛是最灵动和最敏感的，它是心灵的一扇窗户，眼神所传递出的信息往往是另一种动人心弦的真情。诚如人们所说的“会说话的眼睛”、“眼睛是心灵之窗”，人在各种时候，不同的思绪动向都会反映在眼睛中。通常人心中所想的事物，眼睛会比嘴巴更快地说出来，而且几乎不会隐藏。正如文豪爱默生所说：“人的眼睛和舌头所说的话一样多，不需要字典，却能从眼睛的语言中了解整个世界。”因此，一个善于读心的人，必定也是个善于捕捉他人瞬息万变眼神、洞察对方内心的人。

曾经有个叫詹姆士的建筑家，他想出了一种可以防止偷盗的方法，就是画一幅皱着眉头的眼睛抽象画，镶于大透明板上，然后悬挂在几家商店前。

果不其然,那段时间,店铺的偷盗案件迅速减少,当有人问他原因时,他说:“我画的虽然并不是真正的眼睛,但对那些作贼心虚的人来说,却构成了威胁,极力想避开该视线,以免有被盯梢的感觉,因此,便不敢进商店内,即使走进商店里,也不敢行窃了。”

这就是眼神的力量,那些小偷看见的虽然是假的眼神,可还是有种心虚的感觉,心理作用让他不敢再偷盗。所以要解读一个人的内心世界,从眼神入手最好不过了。

在与人交际的过程中,我们也可以选择观察别人的眼神来洞悉其内心世界,比如说,开心的眼睛里透露的是水亮有神,笑容灿烂;尊敬的眼睛表明他有点害怕,笑容勉强;爱慕的眼睛是眼神迷离,笑得腼腆的;困扰的眼睛是深邃无神,若有所思,眉头紧锁的。

具体说来,我们可以从以下不同方面来看:

①如果和对方交谈时,对方的双眼突然明亮起来,表明他对你将要说的话题很感兴趣,也可能是你的话正中他的下怀。

②如果不管你说什么有趣的话题,对方的眼睛总是灰暗的,表明他可能正在遭受某种不幸或者遇到了什么不顺心的事。

③当对方瞳孔放大、炯炯望人、上睫毛极力往上抬时,表明他对你的话感到很惊恐。

④如果你能通过余光发现对方正在斜眼瞟你,表明他想偷偷地看你一眼又不愿被发觉,如果对方是异性,可能传达的是害羞和腼腆的信息。

⑤眼睛上扬是假装无辜的表情。这种动作是在佐证自己确实无罪。

⑥眼睛往上吊，说明对方有某种不愿为别人所知道的秘密，喜欢有意识地夸大事实，因此不敢正视对方。

⑦说话时喜欢眼睛下垂的人，一般比较任性，凡事只为自己设想，对于别人的事漠不关心，甚至对别人的观点常抱有轻蔑之意。

⑧挤眼睛是用一只眼睛向对方使眼色，表示两人间的某种默契，所传达的信息是："你和我此刻所拥有的秘密，任何其他人无从得知。"

⑨眼神游离。

这种眼神背后，一般都是在算计，在打小算盘，一个人如果常常会出现这样的眼神，那么，他多半是强于心计、城府较深的人。

这类眼神传达的信息可能有两种：一种是聪明而不行正道，一种是深谋内藏、又怕别人窥探。前一种眼神多是品德欠高尚、行为欠端正的表现，后一种眼神则多是奸心内萌、深藏不露的表现。

另外，在说话时眼神闪烁不定者，一般表示其精神的不稳定。据一些法律资料显示，犯罪者在坦承罪状之前一般都会有这样的状态。这大抵是因心中藏有某事或有所愧疚所导致。

⑩眼神转向远处。

在谈话中，对方如果时时流露出这种眼神，多半是对方并不注意你所说的话，心中正在盘算其他的事。如是进行交易的对手，那么他必然在心中作着衡量、计算，思索着如何在这场交易中谋取最大利益的策略。如果是没有利害关系的交谈对象，而对方并不专注于你的谈话，那一定是有其他的事物盘踞在其心头。

上述这些以眼读人术可以使我们在与人交谈的过程中,迅速地了解对方内心所思所想,在开口说话的时候,就能说出对方喜欢的话。当然,这只是一些简单情况的概括,在遇到不同交际对象的时候,还应该运用具体的观察方法,做到有的放矢,这样,才能游刃有余地与人交往和应酬!

心理启示:

眼球的转动、眼皮的张合、视线的转移速度和方向、眼与头部动作的配合,都在传递着一些信息,传递着一个人内心的秘密。当然,每个人的心理活动很难从单独一个眼神中就可以看透。还需要其他因素结合起来才可以得出答案。比如说面部表情、行为、动作等。

通过视线来观察对方的心理

我们都知道,人类是一种视觉动物,人获取信息的90%都是通过眼睛,同时它也是传达信息的重要途径,除了语言、表情、动作,从人的视线中也能获得很多非常重要的信息,可以从中分析对方的心理。

下面是心理学家对此作出的几点分析:

(1)目光突然变得斜视,表明藐视、拒绝或者提起兴趣。

细心观察,你就会发现,在商业谈判中,彼此对立的双方都会有这种眼神。

还有个特殊的情况，就是一旦人们对某个人或某件事产生兴趣时，视线也会产生这样的变换。尤其是在初次见面的异性之间，经常能见到这种眼神，多出现在女方身上。也就是说，如果你是一名男士，在某个场合，有个不太熟悉的女孩子对你产生这样的视线变化，表明她对你有兴趣，遇到这样的情况，如果你也对她感兴趣，可以鼓足勇气找她谈话，给彼此一个结识的机会。

(2)视线突然转向远方，表明对方对你的谈话不关心或正在考虑别的事情。

如果和你交谈的是你的交易对方，那么，很有可能他在心里正盘算你的话，盘算怎样才能使自己获得最大利益。如果他的视线转移以后变得凝视于一点，那么，假设你是买方，他有可能为你提供的产品是次品；而假设对方是买方，他很有可能无法支付货款，你最好不要将大量产品一次性出售给他。总之，遇到这样的情况，你就该问："你有什么烦恼的事情"，以从对方口中探知原因。如果对方慌张地说："不！没有什么事……"这时，你应当斩钉截铁地与他中断洽谈，可以对他说："以后再谈吧。"

第二种情况，如果和你交谈的是爱你的人，此时，假设对方是你的女友，她在与你谈话时总是将视线转到远处，这表明她在思考别的事，或许是对你们的未来没有信心，或许是她心里已有他人，但对你说不出口。出现这种情况，你不妨用试探性的语气问她："有什么麻烦吗？告诉我，我们共同解决。"

(3)对方做没有表情的眼神,表示心中有所不平或不满。

可能你会认为,没有表情的眼神应该是内心没有波动的情况下才有的,这种想法是错误的。人的思维产生变化时,会有不同的表现,有的闭起眼睛,有的则呆滞地望着远方,还有的则会做出毫无表情的眼神,一旦思维整理妥当或产生新的构思时,眼睛就会显得很有神,或出现有规律的眨眼现象。这也是接着将要说话的信号。所以,在交际中,面无表情并不是好现象。

举个例子,如果你和你的女朋友交谈时发生不快,女孩突然毫无表情地告诉你她要回家了,那么,她心中很有可能是对你不满。

再比如,如果你想邀请一位朋友,但他的性格有点懦弱,本来想拒绝你,但又不好开口,也会有这样的表情,遇到这样的情况,你一定要倍加关心地问:“你有什么地方不舒服吗?”

(4)对方眼神发亮略带阴险时,表示对人不信任,处于戒备中。

初次见面,如果对方有这样的眼神,而你觉得自己并没有做错什么的话,很有可能是他曾经听到过一些关于你的负面消息,当然,这一消息很有可能是不实的,你要做的就是尽快澄清误会。

那些打扮太多、妖艳或奢侈的女性,走在大街上,也很容易招致这种眼神。

当然,除了以上介绍的三种情况,我们还需要注意的是,一个人在感到内疚或做了对不起对方的事情后,总是试图回避对方的视线。所以,当一个人的眼神游离不定时,说明他可能在隐瞒什么事情。

不过,目不转睛不一定代表对方就是在说真话。因为如今多数人都知道避开视线有说谎的嫌疑，有些人为了不被看穿，也练就了说谎时眼睛一动不动的技巧。

另外，行为学家亚宾·高曼通过研究认为：对异性瞄上一眼之后，闭上眼睛，即是一种“我相信你，不怕你”的体态语。所以，当看异性时，并不是把视线移开，而是闭上眼后，再翻眼望一望，如此反复，就是尊敬与信赖的表现。尤其是当女性这样看男性的时候，便可认为有交往的可能。

总之，透过人的视线，更能窥探出人的内心活动。人们在社会生活中，如果内心有什么欲望或情感，必然会表露于视线上。因此，如何透过视线的活动了解他人的心态，对人与人之间在交往中的心理沟通，具有重要意义。

心理启示：

视线的交流是沟通的前奏。一个人的视线可以从不同角度和不同的观点来了解。其一，对方是否在看着自己，这是关键；其二，对方的视线是如何活动的；其三，对方视线的方向如何，也就是观察对方是否以正眼瞧着自己，或以斜眼瞪着自己；其四，对方视线的位置如何，究竟是由上往下看，还是由下往上看？其五，对方视线的集中程度。这些表现所代表的意义是各不相同的。

第三章

巧“手”能言：手部微动作心理分析

在生活当中，经常有一些事是人们不愿说出来的，在相互的猜测中，你是否因为不能正确理解周围人的感受而使彼此受到伤害呢？其实，能帮助我们洞察人心的方法有很多，其中从人的手指这一部位入手，分析人的手部动作传达的一些信息，也能帮助你找到隐藏在肢体动作中的潜台词。因为就算一个人花言巧语再多，手都会不知不觉泄露撒谎者的秘密，因为手部动作并不像面部表情那样可以加以伪装。

小小手势暗藏的意义

在人类的各种肢体语言中,手势的动作幅度是最大的,同时,方式也更加多样和灵活。在人类的进化过程中,双手是劳动不可或缺的关键部位,发挥了至关重要的作用,推动了人类的进化历程。我们都知道,一个人的语言可能会欺骗你,但是他的身体语言不会。人们可以在语言上伪装自己,但身体语言却经常会“出卖”他们。因此,解译人们的手部语言密码,可以更准确地认识他人。

FBI 特工克里斯·基特在多年的办案中,发现了这样一个有趣的手部动作:当他向罪犯询问情况时,罪犯一开始都会为自己做强有力的申诉,并不时地用尖塔式手势加以强调,而一旦谎言被揭穿,罪犯便会立即把拇指伸进口袋,以掩饰内心的惶恐和不安。

可见,手部的动作可以在一定程度上反映一个人的心理活动。我们再来看下面一个故事:

青青在一家民营企业工作,她在大学学的是心理学,对人的心理颇有研究,为此,公司让她全权负责对外谈判业务。

最近,公司正在与一家大型外企接洽,能否做成这单生意关系到公司下半年的经济效益,为此,老总给青青下了死命令,务必要顺利拿下订单。

经过一系列准备后,青青带着项目书亲自到外企拜访对方,和其进行深入的沟通,以使项目设计更加完美。在交谈的过程中,青青看到对方负责人拿出了一张A4纸,上面密密麻麻地写满了对项目的意见、建议以及不满意的地方。不知不觉间,对方负责人还把双手交叉放在了胸前,脸上写满了质疑。虽然对方负责人并没有明确说什么,但是青青见此情景,马上打起十二分的精神,停止了解释,开始一项一项地按照客户的意见完善方案,即使她觉得客户的方案不好,也没有反驳,而是有理有据地把自己的设计方案为客户演示了一遍。在青青专业、敬业、耐心、真诚地演示下,客户的双臂渐渐地放了下来,投入了与青青的讨论之中。至此,青青才松了一口气。最终,她顺利地为公司签下了这个大订单。

从这则职场故事中,我们可以发现,青青是聪明的,她在看到客户把双手交叉放在胸前时,就立即意识到这是客户想拒绝和否定的意思,于是,她及时调整策略,成功地打开了客户的心扉,最终顺利签约。相反,假使她看不懂客户的手势语言,而是选择一味地解释,那么,客户肯定会认为她是在强词夺理,从而更加反感她。由此可见,小小的手势里也暗藏着玄机。

可见,手势语言能够生动地反映人类的内心世界。如果能够详细了解手势的含义,就能帮助你更加顺利地洞悉他人内心。比如,很多时候,人们都会摩擦手掌,因为摩擦手掌代表着丰富的含义,适用于各种情境。摩擦手掌的时候,速度不同,反映的心理状态也不同。摩擦得慢,表明犹豫不决;摩擦得快，则表明满怀期待。

在与人交流沟通时，即使不说话，也可以凭借对方的手势来探索其内心的秘密，对此，我们可以作出以下总结：

通常情况下，

如果对方有以下动作，表明他可能在说谎：

（1）当你与对方交谈的时候，发现他有这样的动作：不时地拉衣领，说明其心虚。此时，你可以这样试探他：“请你再说一遍，好吗？”如果对方支支吾吾，前言不搭后语，则对方极有可能在说谎；

（2）如果一个人说话时下意识地用手遮嘴或摸鼻子，则代表其有说谎的嫌疑。

如果说话时对方出现以下动作，表明他对你所说之话抱有消极的态度：

（1）当你兴致勃勃地表达观点时，对方却不时地抓耳朵，这表明他对你的话已经不耐烦了，希望你打住话题，也可能希望你能给他一个表达的机会。

（2）如果与你交谈的是一个群体，当你说话的时候，他们多出现交叉双臂或用手遮嘴的动作，则表示他们根本不相信你的话。

（3）说话时用手挠脖子表示人们对所面对的事情有所怀疑或不肯定。

为了获得他人的信任，产生积极的谈话效应，我们可以尽量做出以下动作：

（1）说话时，尽量手心朝上，因为这一手势所传达的信息是：我是坦诚的、不说谎的。

(2)摊开手掌更能赢得他人的信任,但如果这是你的习惯性动作,就不灵了。

(3)握手时掌心向上,并垂直与对方握手,能表明你性格温顺,为人谦虚恭顺,愿以彼此平等的地位相交。

心理启示:

在与人交往的过程中,如果能掌握一些手势信号,就可以察看出对方的内心活动,从而判断其用意、心思,这远比语言更具真实性!

十指交叉意味着什么

我们都知道,人的手是由手掌和手指组成的,不难想象,手指能产生很多的动作。在人际交往中,想必你会发现,不少人在交谈时有双手手指交叉的动作,那么这一动作是不经意的习惯还是暗藏了什么玄机,我们不妨先来看下面这样一个心理学故事:

布朗克是一名经验丰富的司法审讯人员,他常被同事们开玩笑称为"神探布朗克"。有一次,他接到上级命令,要对一个巨大的跨国诈骗集团的头目进行审讯。

这名犯罪嫌疑人叫杰森,曾就读于国外一所名牌大学的金融系,还同时拿到了法律系的毕业证书,可以说是一个人才,他深谙如何钻法律的空子挣钱。

刚开始时,审讯工作很难进行,因为杰森确实是太聪明了,他很熟悉警方的办案程序和审讯程序。表面上看,无论布朗克问什么,杰森都会很配合地回答,但他的答案简直是滴水不漏,布朗克根本找不到任何破绽,他根本分不清杰森的哪句话是真的,哪句话是假的。就这样,审讯进行了好几天仍没有结果,布朗克为此很担忧,因为根据规定,如果扣留嫌疑人一定的时间再找不到证据,就必须要放人,布朗克告诉自己,绝不能让这个犯罪分子逍遥法外。最后,倍感焦急的布朗克接受了学心理学的妻子的一个建议——看对方的无声语言:手势。

后来,布朗克派人悄悄地在审讯室里装了几台摄像机,这样,他便能在审讯结束后看清楚杰森的一举一动。

果然,在看录像带的时候,布朗克发现,嫌疑人的手势发生了改变:在回答某些问题时,杰森的双手很自然地放在腿上一动不动。而在回答另外一些问题时,虽然杰森的眼睛依然十分镇定、真诚地看着他,回答的内容也没有任何破绽,但双手却开始不自觉地做十指交叉状。布朗克以此为线索展开案件调查,终于把杰森绳之以法。

也许直到杰森锒铛入狱的那一天,他也无法理解自己究竟是哪里出了纰漏。其实,帮助布朗克破案的关键就是“十指交叉”暗喻的心理,十指交叉是掩饰内心真实想法的外在表现。

的确,生活中,也许我们会经常做出十指交叉这一手势,但我们会认为这是个不经意的动作，而实际上，这一动作也是内心情绪的体现，当然，十指交叉的手势，手位置的高低与消极情绪的强弱有关，较高位置的十指交叉比较低位置的十指交叉更消极、更抵触。具体来说，有以下几点。

1. 十指交叉，双手紧握

说明对方已经开始自我否定了，他的内心是沮丧和消极的，如果与他较量，此时就是你一举拿下对方的最好时机。

2. 十指交叉，放在大腿上，并且伴有拇指指尖相顶

说明此人处于比较尴尬的境地，不知如何自处，或者是谈话内容让他感到进退两难。当对方出现这种手势时，我们不妨给出几个建议，让他进行选择。

3. 十指交叉，自然放置

说明对方此时心平气和，并且比较自信。如果希望对方接受你的论点，想必你要找出一些强有力的证据来了。

4. 十指交叉，一手手指抚摸另外一手

说明此时对方内心比较不安、焦虑，或者处于高压或怀疑的情况下，这一动作是为了安慰自己的大脑，与对方接触和谈话时，首先要做的就是给对方信任感，让对方安静下来，使其愿意接受自己，对自己敞开心扉。否则，双方沟通会很困难。

5. 十指交叉，眼睛平视对方

出现这种手势说明对方已经失去耐心，正在压抑内心的不满。此时，应该把话语权交给对方，或者停止交谈，以免引起对方的反感。

6. 十指交叉，放在脸前

这是一个十分明显的敌对动作。当对方做出这种动作的时候，就传达出“别说了，我不想听”、“我不相信你”、“我不认为这个可行”、“我想结束谈话”等消极情绪，此时也应该结束谈话。

7. 十指交叉，放在胸腹之间

说明此人已经在心里拒绝了你。此时，即使你再强调自己的观点，对方也不可能再接受你，你可以采取另外一些较为轻松的交流方式，比如先为对方送上一杯饮料。总之，要想办法让对方解除十指交叉的姿势。否则，他会拒绝你所有的想法和观点。

8. 十指交叉，双手拇指向上伸

说明对方对交谈的内容很感兴趣，并且对自己说的话十分有信心。

总的来说，十指交叉手势，手位置的高低与消极情绪的强弱有关，较高位置的十指交叉比较低位置的十指交叉更消极、更抵触。所以，当对方做出十指交叉手势时，不要再认为这是一个不经意的动作了。

心理启示：

当一个人十指交叉于身体的不同部位时，它所体现的情绪和心理都是不同的，学会通过手势解读对方内心的真实想法，对我们做事情是有百利而无一害的。

用手指拨弄头发的含义

我们都知道,人的手部动作有很多种,不同的动作会传达出不同的心理信息。可能你曾有这样的疑问:在交谈的过程中,对方总是喜欢用手指玩弄头发,这是习惯还是下意识动作?我们不能排除前者这一原因,但大部分情况下,人们之所以会有这样的手部动作,是因为内心紧张。不断地拨弄头发,能帮助其缓解压力。如果你能看到这一细小的手部动作背后的含义,并作出具体的应对措施,相信能帮助你成为一个善解人意的人。

对此,我们不妨先来看看下面的故事:

李武攻读完心理学硕士研究生以后,被一家心理学机构高薪聘请,但因缺乏实战经验,他被安排在最底层实习一个月,自然,这也在情理之中。

一天下午四点左右,他遇到一个麻烦的客户,很多问题他都解决不了,大家又都在忙,他想,去问主管吧,刚好可以交流一下。当李武敲门进去的时候,主管正在看一本杂志,他想,做领导真好,这么悠闲。于是,李武慢慢地把事情和领导说清楚,可是李武却注意到了领导的一个动作:领导在听自己说话的时候不断地用手拨弄头发,领导的头发很短,很明显,这不是头发乱了的缘故。根据李武曾经看过的心理学书籍,他知道,领导大概是遇到了什么事情，有巨大的压力，再一看，领导办公桌上有一封信，并不是公司的信件。李武明白了，估计刚刚主管看杂志也是想让自己镇定下来，于是，为了不打扰主管，李武找了个理由离开了办公室。出办公室后，李武问主管秘书到底是怎么回事，原来是主管在美国的老父突然病逝，昨天寄来了信。

这天下班后，李武并没有着急回家，而是等在公司大厅，后来，主管出来了，李武拍了拍他的肩膀说："不要伤心了，走，去喝一杯。"主管先是一惊，李武是怎么知道的？但无论如何，他还是答应了。那天晚上，半醉之下，主管跟李武说了很多掏心挖肺的话，尤其是老父亲是怎么辛苦培育自己的。

那次之后，李武便和主管在私下成了最铁的朋友。

毕竟是学心理学的，从领导的几个小动作中，李武就看出了他有心事急需平静，便不再打扰，聪明的他很快又从秘书那里得知到底发生了什么事，然后他便充当了一个知心朋友的角色，领导就会感觉得到李武的善解人意，关系自然会拉近一步。

从这个故事中，我们不难发现一点，人们的很多不经意的小动作其实并不是习惯使然，而是有一定的心理原因。比如，玩弄头发就是心理解压的象征。当然，有同样含义的动作还有很多种，比如，拨弄外套上的纽扣，把餐巾纸折来折去。也可能是不断地变换坐姿、抖脚、手指头像弹钢琴般来回敲打桌面。

那么此时，我们该怎么做呢？对此，我们应该做的是让其分心，阻止其继续钻牛角尖。否则，压力就会像滚雪球般越滚越大，切忌不断地逼问其到底发生了什么事。贴心的你可以将心不在焉的他拉回现实，邀他到公园散步、唱歌、跳舞、运动、看电影等，依靠另一种活动引起他的兴趣。在从事这些舒缓压力的活动中，一般来说，他是能从烦心事中抽离出来的，此时，他便极有可能将导致压力产生的原因告诉你，你们之间的关系必定会更近一步。故事中的李武所选择的处理方式便是陪领导喝一杯，“酒逢知己千杯少”，几杯酒下肚，对方自然会对你掏心掏肺，内心的压力也就倾诉出来了。当然，许多时候，他也未必透彻了解自己的烦心事因何而来，这需要你慢慢引导。

心理启示：

当人们有不断用手指玩弄头发这样的一些肢体动作特写时，在排除一些其他因素的情况下，说明对方有一定的心理压力，我们应该做的是帮助对方从烦心事中解放出来，做个贴心的人，这样你的人际关系才会越来越好。

紧握的双拳想要宣泄什么

夏小生是一名警察，他最近遇到了一个棘手的案件：一名女子在自己的家中被谋杀，根据罪犯的犯罪动机，夏小生把女死者生前可能有过节和相关联的人都请到了警察局，其中有女死者的前男友、现任丈夫、债主、公司里有过节的上司，但根据这些人的口供，夏小生发现，他们都有不在场的证据。这让他很头疼，“到底谁是杀人凶手呢？到底有什么破绽我还没找到呢？”夏小生这样想。

"其实,问题一点儿也不难,他们不是什么间谍,也不是联邦调查局的人,肯定会露出马脚的。"夏小生的上司突然站在他身后,说了这样一番话。

"那么,您觉得谁是凶手?"夏小生问。

"她丈夫。"上司很干脆地说。

"能告诉我您判断的理由吗?"

"我不知道你注意到没,这个人真的很奇怪,根据他描述的,他应该很爱自己的妻子,那么,在妻子去世后应该很悲痛,但事实上,他并没有这样的情绪,相反,他紧握双拳,脸部肌肉紧绷,很明显,这是一种愤怒的情绪,当然,他也有可能是恨凶手,但我想,面对一个没有找出来的人,他不会有如此明显的情绪……一个男人恨自己死去的妻子到了这种地步,想必应该是感情问题,你去查查女死者生前都和什么人接触过,也许会有新发现。"

夏小生当然听懂了上司的意思,于是,他展开了新的调查。果然,他发现女死者一个多月前就已经出轨,通过搜证,警察还在死者的地下室找到一把凶器,上面的指纹经过证实也是死者丈夫的,真相终于大白。

"是的,她是我杀的,我那么爱她,她要什么,我就给她买什么,每天一下班我就回家带孩子做饭,这个贱女人,居然还不知足,出去找男人,那天半夜,她衣衫不整地回来,回来后还和那个男人通暧昧电话,我实在受不了了,就拿起厨房的水果刀捅在了她的肚子上……"

在这则案例中,我们不得不佩服夏小生上司的观察能力,在几个同样有嫌疑的人中,他很快就发现了女死者丈夫的一个异常小动作——紧握双拳。

通常来说,这是一种愤怒的表现,并且,对方紧绷的面部神经也证实了他的判断。在排除其他可能存在的情况下,他得出结论:此人大概就是杀人凶手。

的确,人的情绪有很多种,很多可以隐藏,但愤怒、憎恶却是不易被隐藏的。因此,如果一个人对你可以掩饰自己的愤怒情绪,那么,他势必会减少与你目光直接接触的机会。他的潜意识中,担心你一旦直视他的眼睛,内心的焦躁不安就会被你看穿。不自觉地握紧双拳也是即将发怒的象征。最后,你再看看他的下颚和脸颊骨是否紧紧地绷在了一起。假使他抿住双唇,脸颊两侧近下颚的肌肉不停地抽动收缩,那么他内心深处真的是怒火熊熊了。

相对而言,在愤怒时,男性更倾向于这一动作,比如,在与妻子吵架的过程中,大多数男性宁可保持缄默,也不愿意与女人发生正面冲突。如果你是妻子,想知道他为何发怒,不妨直视他的双眼。倘若你与他的目光相遇之后,他只瞪了你一眼便立即转移视线,那么你很有可能就是惹他发火的导火索。这时,你最好直接跟他讲:"看得出来你很不高兴,出问题了吗?"这表示你愿意与他一起解决麻烦。如果他是因别的事而生气,不妨让他明白,你可以充当他倾诉的对象,再慢慢安抚他。而对于那些经常紧握双拳的人,多半是懊恼和悔恨之人,容易紧张,大多时候在人际关系上欠缺自信,经常需要修整自己才能够和别人有良好的关系。这种人内心有很多怨恨,没办法解决,需要咨询专业心理人士获得帮助。

心理启示:

与人说话的过程中,如果对方有这样的肢体动作特写:紧握双拳,目光游移不定,下颚紧绷。那么,我们大致可以判断出一点:你的话或行为可能已经惹怒了他。

第四章

尽在掌握：手部微动作心理分析

在手部，除了手指，我们每个人的手掌也会传达出一些心理秘密，不过很少有人会去探究其中的学问，事实上，以握手为例，这一动作背后确实隐藏着大学问。FBI 的读心术高手霍茨·艾尔特曾说过这样一句话："当一个人的手和另一个人的手相互触碰的那一瞬间，就意味着一种交流的开始。这好比有一种电波在人和人身体和心灵上展开了传输。一旦握手动作发生，这种电波就会瞬间在彼此间产生。而从这微弱的电波中，我们就可以感知别人的内心。"了解了全部的手掌秘密，能帮助我们更清晰地洞察人心，从而做出令他人更满意的社交行为。

手掌动作传达出的内心秘密

我们都知道,一个人的举手投足都可能是某种心理活动的显现,而对于手部而言,能产生动作的除了手指,还有手掌,这也是人们在做心理活动分析时常常忽略的。著名的语言学家皮斯夫妇发现,手心向上往往没有恶意,表示妥协、服从、接纳和邀请,好像在说“我是坦诚的”、“我手里没有武器”;而翻转手掌,手心向下,则代表权威、地位、命令和抗拒。这就是手掌动作向我们传达出的信息。对此,我们先来看下面一个心理故事:

小湖是一个长相一般的女孩,她生在一个三口之家,做着一份普通的工作,但她却觉得十分幸福。因为她有一个十分疼爱自己的男朋友,叫林建。转眼间,他们恋爱已经三年了,也到了谈婚论嫁的年纪,林建决定将小湖带回家见见父母。

林建在向小湖说了这件事之后,小湖就紧张了,因为她听周围的很多姐妹说,未来婆婆在见儿媳妇时都会挑三拣四,甚至很排斥,如果林建的母亲反对,她和林建很有可能因此而面临分手。尽管林建一直安慰她,并称自己的妈妈很和善,也很开明,不会有什么反对意见,但小湖还是一直忧心忡忡。

后来有一天,小湖遇到了自己一个开心理诊所的同学,提到了自己的烦恼，这位朋友听完之后便给出意见："其实，我觉得很简单，你要想知道他妈妈对你的意见，在会面时就能了解到，如果她真的如你男朋友所说的那样和善，她一般会有个动作——摊开手掌，反过来，她的手心就是向下的，了解了她的想法，你再做下一步打算。"

小湖得到指点后，便有了底气。这天，她穿着得体、谈吐大方，林建母亲乐得连连点头，正如同学所说的，小湖注意到了一点，自打她进林建的家门，她就看到了老太太摊开的双手，果然，林建没有撒谎，她的母亲是个和善的人。

从这则故事中，我们可以看出，一个人在内心接纳另外一个人的时候，会有一个手部动作——掌心向上，这是要告诉对方：我欢迎你，喜欢你。在人际交往中，如果你看到这一动作，证明对方有与你交往的愿望，你可以与之侃侃而谈。

反过来，一个人在拒绝或命令他人时，手心往往都是向下的。我们都知道，纳粹元首者希特勒有个著名的敬礼姿势，其手心就是朝下的，不难想象，希特勒在敬礼时如果掌心向上，谁还会把他放在眼里？

另外，细心的人可能会发现，一对情侣在牵手时，大部分情况是女孩子手心向上，男孩子手掌向下，这说明了男士的强势和女士的顺从。

与人交谈中，一旦你摆出手心朝下的手势，你在对方眼中的权威就会立刻大增。假如你和对方的身份和地位平等，当你提要求时手心朝下，他可能会觉得你太霸道；假如你在推销或汇报工作，那么从对方的手心可以看出他对你是不是还心存戒心，从而知道自己是否应该少说点或者换个说话方式；

但假如你是上司,手心朝下就会增加你的威严,让人觉得不怒自威。

具体来说,手掌部位还有哪些动作,又能传达出怎样的内心秘密呢?

1. 掌心向上

掌心向上往往没有恶意,表示妥协、服从、接纳和邀请,好像在说“我手里没有武器”、“我愿意接受你”、“我是坦诚的”等。

2. 掌心向下

代表权威、地位、命令和抗拒。我们拒绝或命令他人时,手心往往都是向下的。

3. 十指交叉

在交谈过程中,如果对方下意识地将双手交叉扣在一起,表示对方对你表达的意见持相反态度,正准备着选择合适的时机反驳你。这时,你要准备应对对方的相反意见。

4. 合掌伸指

合掌伸指是日常交往中表意最明显也最强烈的一个手势。它有指示、命令对方去做某事之意。因此在日常交往中,一般不要对对方做出合掌伸指的手势,因为这会引起对方强烈的反感。

特别要注意的是,在马来西亚和菲律宾,这样的手势表示对别人的侮辱,一定要注意文化的差异,不要触犯了民族情绪。

心理启示:

一般说来,手掌传达的指示动作主要有四种:手心向上、手心向下、十指交叉、合掌伸指,这四种手势代表了不同的意思。如果掌握了不同手掌姿势代表的意思，在和别人交往时就会顺畅许多，我们也可以有效地利用手势的作用去求得更好、更理想的交流效果。

从握手方式看人的性格

我们都知道，人是这个世界上最具智慧的一种动物，人能了解许多事物，但却难以了解人本身。难以捉摸的是人的心理、人的需求、欲望和人的个体特征。但也并不是无所了解。

现在来回想一下，与人见面，我们做的最多的动作是什么？应该是握手吧！其实，握手这个简单的动作，也暗藏玄机。美国心理学家伊莲嘉兰曾对握手的含义进行了分类，认为：握手有 8 种类型，每种类型都代表着不同的含义，显示出不同的性格。

握手是社交活动和商务礼仪中不可或缺的一部分，虽然其中包含了很多礼仪规则，但是，人们还是喜欢按照自己的方式来进行这个“仪式”，从人们不同的握手方式中，可以看出一个人内心的一些想法。我们先来看下面一个故事：

杨慧是一名刚毕业的大学生，娇生惯养的她选择去农村锻炼，尽管父母都不同意，但她还是踏上了去基层的车。

杨慧听学校的老师说,她要去的那个农村的村民都很热情。果然,还没下车,她就看到了村民和孩子们都在村口拉起了横幅迎接她,等她从车上下来,村长就凑过来,用双手紧握住杨慧的手,接下来,村民们都挨个儿用同样的方式跟杨慧握手,杨慧都不知道该怎么回应了,就只好和他们拥抱,不到一会儿工夫,大家都熟稔了。杨慧心想,只有农村这样一片热土才能养出这样热情的人。

在这则故事中,迎接杨慧的村民都是热情十足的人,从他们握手的方式就能看出——每个人都是用双手握手。生活中,每一个人握手的方式多少都会有点不同,握手方式与性格也有着密切的联系,以下是8种握手方式:

1. 蜻蜓点水型

握手的时候力度非常轻,只是轻柔地接触握着。这一类型的人随和豁达,不是一个偏执的人,他们非常洒脱地游戏人间,非常地谦和。

2. 摧筋裂骨式

在握手的时候会紧紧抓着对方的手掌,力度很大地挤握,对方会感觉很疼。这一类型的人精力充沛,自信心很强,是一个独断专行的人,但是在领导和组织方面才能出众,是个适合做领袖的人。

通常来说,那些喜欢使劲儿捏别人手的人,大多做起事来风风火火,也很少听从别人的意见。但是这种毫不压抑自己真实感受的做法释放了他们心中的压力。

3. 双手并用型

在和人握手的时候喜欢两只手一起握住对方。这一类型的人非常热忱温厚，心地很善良，会对朋友推心置腹，爱憎分明。

4. 规避握手型

这一类型的人会不愿意和别人握手，个性比较内向、胆怯。虽然保守，但是很真挚，不会轻易地将感情付出，但是一旦有了情谊，这份情会比金坚，不论是对朋友还是爱人。

5. 用指抓握型

在握手的时候，只用手指的部位握住对方的手掌心，不和对方有过多的接触。这一类人一般比较敏感，情绪很容易激动，但其实个性平和，心地也是善良的，有同情心。

6. 持续作战型

如果对方握着你的手，很长时间都没有收回，即持续作战型。这表明他对你很感兴趣，想大胆直白地与你更深入地交流。但是，如果在谈判前，对方握着你的手不放，则可能是他在测验两个人之间的支配权，此时如果你先收回手，说明你没有对方有耐力，交涉时胜算不太大。

7. 上下摇摆型

在握手的时候，紧紧握住对方并且会不断地上下摇动。这一类型的人是很乐观的人，他们对人生充满希望，积极热诚，经常会成为焦点人物或中心人物，受到他人的仰赖。

8. 沉稳专注型

握手的时候力度适中，动作很沉稳，而且双眼会看着对方，这一类人的个性都比较坦率，很有责任感，给人很可靠的感觉。他们心思缜密，对于腿力非常擅长,会经常提出一些有建设性的意见,受到很多人的信赖。

总之,握手是对人友好的表现。但事实上,握手的方式不仅能影响双方下一步关系的发展成败,还能从握手中看出一个人的心理及性格特征。

心理启示:

看清一个人的性格,在社交生活中尤为重要。因为人是社会的人,处于复杂的人际网络中,只有知道如何洞察他人的性格并善加研究各色各样的人物,才能做到左右逢源、游刃有余,而从人际交往最常有的动作之一——握手中,能帮助我们窥探出对方的性格特征和内心活动。

握不好手,办不成事

握手,是交际中的一个重要部分。通常,和人初次见面,熟人久别重逢,告辞或送行等都可以握手表示自己的善意。人们之间的很多情感都在握手间传递。握手的力量、姿势与时间的长短往往能够表达出握手对对方的不同礼遇与态度,显露自己的个性,给人留下不同的印象,也可通过握手了解对方的个性,从而赢得交际的主动。美国著名盲聋哑女作家海伦·凯勒说:“我接触的手有能拒人于千里之外的;也有些人的手充满阳光,感到很温暖……”

那么，怎样才能“握好手”呢？为此，我们需要注意一下几点：

1.应当握手的场合：

遇到较长时间没见面的熟人；

在比较正式的场合和认识的人道别；

在以本人作为东道主的社交场合，迎接或送别来访者时；

拜访他人后辞行时；

被介绍给不认识的人时；

在社交场合，偶然遇上亲朋故旧或上司时；

别人给予你一定的支持、鼓励或帮助时；

表示感谢、恭喜、祝贺时；

对别人表示理解、支持、肯定时；

得知别人患病、失恋、失业、降职或遭受其他挫折时；

向别人赠送礼品或颁发奖品时。

通常，上述所列举的情况都是适合握手的场合。

2.握手的要求

①先作自我介绍，再伸出手。通常是高职位的人或者女人、长者先伸手，表示愿意与对方握手。如果他们没有伸手，你应该等待。若是对方非常积极主动地先伸出手来，你一定要去回握，否则不但会让对方感到尴尬，也会显得你不懂礼仪。

②握手时，要与对方的目光接触，面带笑容。目光接触显示了你对别人的重视和兴趣，也表现了你的自信和坦然，同时还可以观察对方的表情。

③握手时,距对方约一步远,上身稍向前倾,两足立正,伸出右手,四指并拢,虎口相交,拇指张开下滑,和受礼者握手。

掌心向下握住对方的手,显示出一个人强烈的支配欲,这无声地告诉别人,他此时处于高人一等的地位。应尽量避免这种傲慢无礼的握手方式。

相反,掌心向里握手则显示出一个人的谦卑和毕恭毕敬。平等而自然的握手姿态是两手的手掌都处于垂直状态。这是一种最普通也最稳妥的握手方式。

④如果需要和多人握手,握手时要讲究先后次序,由尊而卑,即先年长者后年幼者,先长辈再晚辈,先老师后学生,先女士后男士,先已婚者后未婚者,先上级后下级。

在公务场合,握手时伸手的先后次序主要取决于职位、身份。而在社交、休闲场合,则主要取决于年龄、性别、婚否。

⑤握手要有一定的力度,这表示了一个人坚定、有力的性格和热切的态度。没有力度的手就是“死鱼”式的手。但也不要握得太紧,好像要把对方的骨头都捏碎一样,这样会显得你居心不良。

⑥握手时间约为5秒,如果少于5秒会显得过于仓促,握得太久会显得过于热情,尤其是男性握着女性的手,握得太久,容易引起对方的防范之心。

还需要记住的一点是,如果你的手容易出汗,千万要在握手前悄悄把手擦干。当然,你在握手时,不妨说一些问候的话,握紧对方的手,语气应直接而且肯定,并在强调重要字眼时,紧握着对方的手,来加强对方对你的印象。

心理启示：

握手是一个看似简单却内涵丰富的动作，能否与他人得体、大方地握手，关系到一个人在他人心中留下的印象。因此，学会正确地握手，是人际交往的第一步！

避开握手的八大禁忌

在交际应酬之中，相识者之间与不相识者之间往往都需要在适当的时刻向交往对象行礼，以表示自己对对方的尊重、友好、关心与敬意。握手是交往中最常见、最普通的礼节。然而，这一个简单的动作中，却有着很大的学问，会不会握手，如何握手才显得大方，关系到我们人际关系的好坏。我们先来看下面一个故事：

晴晴今年二十八岁，已经跨入了大龄剩女的行列。和所有处在这个尴尬年纪的人一样，在她的心里其实是渴望爱情的，但由于工作环境相对封闭，她实在缺少与异性交往的机会。于是，她只好接受家里或朋友安排的相亲，然而半年下来，却一无所获。

后来，晴晴在网上认识了青年阿东，阿东比晴晴大两岁，晴晴的大方、善解人意深深吸引了阿东，而晴晴也欣赏阿东的细腻、柔情。在网上交谈了一个多星期后,阿东提出与晴晴见面,晴晴也答应了。

会面的地点是一家优雅的咖啡厅。晴晴在出门前精心打扮了一番,一袭白色的连衣裙,将晴晴清新脱俗的气质完美地展现了出来。不过周五晚上,交通似乎很堵,晴晴赶到咖啡厅的时候,已经晚了大约十分钟,她为此有点紧张,生怕给对方留下不好的印象。不过,她在进门前还是深吸了一口气,看到帅气的阿东已经在四处张望、寻找晴晴的影子了。于是,晴晴很大方地走过去,伸出右手,说了声"你好",但令晴晴感到奇怪的是,对方在回"你好"的同时,只是在手心搓了搓,并未与晴晴握手,这让晴晴感到很不舒服,她心想:"难道是介意我迟到十分钟吗?即便如此,也不能这么没礼貌吧?"

接下来,在整个过程中,尽管阿东在努力寻找话题,也无法让晴晴找到舒适的感觉,半个小时的谈话过程对晴晴来说实在是煎熬。当然,他们之间也就没有了下文。

半年后,晴晴通过相亲认识了一个不错的男孩,并成功结婚。一次上网时偶然想起了这个阿东,便和对方打了个招呼,然后聊了起来,提到当日的情形,阿东还是很疑惑:"我不知道自己是哪里做错了,说实话,我很喜欢你,但我觉得你对我应该没什么意思,就没纠缠你了。你说那时没和你握手,是因为我当时太紧张了,手心都是汗,我觉得这样的状态和一个女士握手,实在很尴尬,哎,没想到,就这样让你产生了误会……"

这是一个很令人惋惜的故事,故事中的男孩阿东因为拒绝和女孩晴晴握手而失去了心爱的姑娘,尽管这是一个误会,但却告诉我们,拒绝和别人握手是极其不礼貌的行为,会引起对方的不快甚至反感。

可见，在行握手礼时一定要做到合乎规范，以下是八点握手的禁忌，应努力巧妙地避免：

（1）不要用左手相握，尤其是和阿拉伯人、印度人打交道时要牢记，因为在他们看来左手是不洁的。

（2）在和基督教信徒交往时，要避免两人握手时与另外两人相握的手呈交叉状，因为这种形状类似于十字架，在他们眼里是很不吉利的。

（3）不要在握手时戴着手套或墨镜，只有女士可以在社交场合戴着薄纱、手套握手。

（4）握手时另外一只手不要插在衣袋里或拿着东西。

（5）握手时不要面无表情、不置一词或发表长篇大论、点头哈腰，过分客套。

（6）握手时不要仅仅握住对方的手指尖，好像有意与对方保持距离。正确的做法，是握住整个手掌。即使对异性，也要这么做。

（7）握手时不要把对方的手拉过来、推过去，或者上下左右抖个不停。

（8）不要拒绝和别人握手，即使有手疾或汗湿、弄脏了，也要和对方说一下“对不起，我的手现在不方便”。以免造成不必要的误会。

心理启示：

社交中，握手是社交礼仪的重要部分，它虽然是一个简单的动作，却也有禁忌可言，避开八大握手禁忌，能让你避开人际交往的雷区，迅速获得他人的认同。

最容易引起他人反感的握手方式

我们都知道，人们在社交中行握手礼，是为了得到他人的认同和欢迎，但有些时候，却事与愿违，让对方产生了反感情绪，这是因为人们选择了错误的握手方式。心理学家建议，无论何时何地，都不要使用以下八种最不受欢迎的握手方式：

1.“死鱼式”握手

对曾与多数人握手的人来说，这也许是他们最不想遇到的握手方式了，尤其握的是一双冰凉且黏糊糊的双手时，感觉会更糟。你可能会觉得，这真是个软弱无力的人，好像谁都能将他的手掌翻过来。在别人看来，他必定也是个缺乏责任心的人，连两人见面时的义务和责任甚至都有可能不愿意承担。

当然，不得不说的是，这种情况不能一概而论，因为地域差异，在一些亚洲和非洲地区，这种轻柔的握手方式反而是正确的，强硬者则是不被欢迎的。

不过，最让人感到惊讶的是，很多使用这种“死鱼式”握手法的人并没有意识到其负面影响。因此，当我们决定使用何种握手方式之前，最好先询问一下身边的朋友对自己握手的方式有何意见。

2. 摧残式握手

我们先来看下面一个故事：

唐芬是一家大型婴幼儿用品生产公司的老总，手下有近千人，可以说是一名成功的现代女性，从她十八岁开始创业到现在三十五岁的这十七年里，唐芬从未怕过谁。但最近，她遇到了一个恶毒又犀利的商业竞争对手，对方甚至连半点儿怜香惜玉之心都没有。

还记得那天，唐芬应邀参加一个商业晚会，会上，她被引见认识了一个姓龙的同行，握手时，唐芬感觉自己的手指都快被捏断了，这哪是在握手，分明是在谋杀。当然，尽管疼痛难忍，唐芬也没有叫出声来。回家后，唐芬心想，此人如此不近人情，应当提防，于是以后在出现此人的场合，唐芬总是开玩笑说："你的手力气太大，上次领教过了，我可不想自己的手残废，都熟稔了，握手什么的就免了吧。"

故事里，唐芬遇到的这个人就是在使用摧残式的握手方式。在所有握手方式中，最令人生畏的莫过于这种握手方式了。因为它不但会让你感受到强大的被侵略的力量，还有可能对你的身体造成伤害。

在一些场合，有些人在与他人握手时，为了占领先机、先发制人，会把全身的力量都集中在手部。在与这样的人握手时，你会觉得自己的指关节都快被捏碎了。而如果你右手戴了戒指的话，甚至会觉得一刹那手已经被划伤了。

最不幸的是，对于这种霸道得不近人情的握手方式，我们并没有很好的办法可以制止。假设你已经明晓对方是恶意为之，你可以让所有人注意到这一点，“天啊，你把我的手握得好疼啊。你的力气实在太大了。”如此一来，他就不得不有所顾虑，在握手时就会有所收敛了。

3. 点到为止式握手

这种握手方式多发生在异性见面问候时，一般来说，是因为一方没注意到另一方发出的握手邀请，而当其意识到想补救时，便在慌乱中点到为止地握了握手。

这样的人看似热情，其实内心缺乏自信，通常他不能肯定对方是否会回应自己的邀请。假如你遇到了类似的情况，你可以用左手拉过对方的右手，轻轻地放到自己的右手中，然后微笑着对他说：“我们重新来一次，好吗?”最后再与对方以平等的方式握手。这样做，能让对方感受到你的热情和对他的尊重，也会对你留下好印象。

4. 老虎钳式握手

有控制欲的男性通常喜欢这样的握手方式，但也有一些“纸老虎”会通过此方法为自己造势。

5. 单刀直入式握手

这种单刀直入的握手方式体现出来的是使用者性格中好胜的一面，而这种方式最主要的目的就是与对方保持一定距离，使其远离自己的私人空间。他们甚至还会将身体稍稍前倾，或是将重心转移至一只脚上，以此来使自己的私人空间不受侵犯。

6. 扳手式握手

善于弄权的人对这种扳手式的握手可谓是青睐有加，而这种握手方式的受害者则常常会因为对方用力过大而疼得热泪盈眶，更有甚者，还会因此而使韧带受伤。和他们握手时，握手双方中的一方会用力抓住对方伸出的手，与此同时忽而发力，将对方朝自己这边猛然一拉。结果，被拉的一方往往因为身体失去平衡而乱了方寸。

7. 压泵式握手

这种握手方式带有浓厚的田园色彩，不难想象，其动作就好像是握住水泵的手柄，用力且有节奏地上下快速摇动。

其实，这样的握手动作并非完全不能接受。但最大的问题是，他们似乎很钟爱这一握手方式，只要你不停止，他就会一直摇下去，好像真要从你的手中摇出点水来。

8. 荷兰式握手

这种握手方法源自荷兰，从其本质来看，似乎多少与素食主义者有点关系。在荷兰，人们称这种握手方法为“胡萝卜串式握手”。说起来，这种握手方式与第一种死鱼式握手算是远亲，只不过力度显得更大，但摸起来感觉要干燥许多，没有那种湿乎乎的恶心感。

心理启示：

任何一个参与人际交往的人都应该明白，握手的本意在于增进人际感情，是为了增添彼此心中的好感，因此，以上八种令人反感的握手方式最好避免。

合掌伸指动作背后的真意

我们前面已经分析过,人的手掌可以做出四种动作,掌心向上、掌心向下、双手合十和合掌伸指。不同的动作代表不同的含义。在这四种动作中,合掌伸指是日常交往中表意最明显也最强烈的一个手势。一个人合掌伸指时,全部焦点凝聚在食指上,命令味道十足。这种手势所传达出来的含义是有攻击性、强迫性、甚至侮辱性的。在马来西亚,这一动作是极不礼貌的,因此,我们应极力避免。我们不妨先来看下面一个心理故事:

敏敏是一名外科医生,没事时喜欢看一些心理学书籍,这几年,通过这些知识,她发现自己对周围的人和事看得更清楚了,不过这样也为她带来了烦恼。比如,她发现自己她的丈夫就是一个很强权、霸道的男人,尽管过去她已经有所察觉,但是每次她都忍过去了。

敏敏的丈夫是一家外企的高级主管,月薪上万,开着名车。他们相恋三个月就结了婚,如今有一年多时间了,在外人眼里,敏敏太幸福了,有这么一个优秀的老公。而事实上,敏敏明白,那些所谓的温柔浪漫、逢节日不变的鲜花和巧克力、定期的名牌礼物都是做给外人看的,她真正需要的是一个贴心的爱人,而不是随时发号施令的上级。

一到家里，丈夫就希望敏敏什么都听自己的，稍有不顺心，他就会生闷气或者摔门出去。他希望敏敏不要去工作，就在家做全职太太，每天为他准备好丰盛的晚餐等他回来，每天为他放好洗澡水。敏敏有时候也会问自己，这样的生活不是很多女人要的吗？是不是真的应该满意了？至少不用担心经济物质问题，至少在外人看来是幸福的，至少有个长期饭票，有大把的空余时间可以拿来挥霍。但敏敏明白，这不是自己要的。这个男人并不是真的爱她，而只是为了满足他的控制欲。但敏敏还是决定给他最后一次机会。

这天晚上，敏敏下了晚班回来，看见丈夫坐在客厅的沙发上，一言不发，表情僵硬，敏敏就刻意讨好地问："亲爱的，晚上吃什么？"

"吃什么？这应该是我要问你的吧，一个家，每天冷锅冷灶的，算什么？"丈夫的言语里都是指责。

"我也要上班啊，每天忙得半死。"敏敏也抱怨。

"你那个破班，挣得了多少钱，早叫你不要上了，算了，算了，你还是去做饭吧。"说这话的时候，敏敏分明看到了他的手握成一个拳头，同时伸出一个手指。这是什么意思？这是在支使下人吗？敏敏明白这个动作背后的含义，这是一种侮辱，凭什么他可以这样侮辱自己？她再也忍受不住了。

于是，敏敏鼓起勇气，对丈夫说："陈一建，我们离婚吧，这是我第一次对你提要求。我是你的妻子，不是你的仆人，我受够了……"敏敏在说完这句话后，有了从未有过的轻松。尽管她的丈夫还想不通：那么温顺的一个女人，怎么会突然说出这样义正言辞的话。

在这则故事里，让主人公敏敏下定决心离婚的，是她的丈夫一个带有侮辱性的动作——合掌伸指，这里，我们足以看见这个手势的负面含义。

要知道，任何人都渴望被尊重，这也是人际交往中人们最基本的权利，如果人的尊严被侵犯，人们是会有反感甚至对抗情绪的，而合掌伸指的全部焦点凝聚在食指上，就是一个命令味道十足的动作，更有侮辱的意味，自然会让人们心生不快。因此，日常交往中，我们尽量不要做出这个动作，以免引起对方的强烈反感。

心理启示：

合掌伸指，这种手握成一个拳头，同时伸出一个手指的姿势具有典型的攻击意味，让人感觉到那种隐藏在手指后迫使人妥协的力量。这是一种很不礼貌的手势，在某些国家，如马来西亚和菲律宾，这是一种侮辱。这种姿势的变体是以其他的物品代替手指来指人。

第五章

腿脚秘密：
腿脚微动作心理分析

现实生活中，人们在对他人做心理分析时，已经习惯了从人的上半身着手，比如，人的头部、面部、手等，而对那些人们视线之外的部位，比如腿和脚，则很容易忽略，尽管一个人可以假装在认真倾听对方的谈话，但他的脚尖方向、腿部动作等却准确无误地透露出真实的信息，其实腿部和双脚是丰富的信息源，能够泄露人们内心的秘密！

脚部动作比其他肢体语言更真实

正如人体的其他部位有表情达意的功能一样,脚也有属于自己的语言,即“脚语”。所谓脚语,指的是在人坐立行走的过程中脚发出的声音、做出的动作、所指的方向等。人的性格不同,走路的风采就各异;人的心情不同,走路的姿势也不同。脚语是一种情绪的节奏,能够反映出一个人的脾气秉性、心理状态、情绪等。

经过长期研究,英国心理学家莫里斯得出了一个非常有趣的结论——“人体中,远离大脑的部位最可信”。根据这种说法,脚是人体中距离大脑最远的部位,因此,脚是最诚实的部位。虽然人的脚步经常因时因地而异,但是,每个人仍然有固定的脚语。因此,即使不用眼睛看,而只听或轻或重或急或缓的脚步声,也能判断出是否是自己熟悉的人。

除了脚步声,脚部还有很多动作,当你看不透一个人的内心时,不妨观察一下他在不经意间所做出的脚步动作,这样一来,往往能够洞察他真实的内心世界。

小娟在大学时谈了一个男朋友,两人感情很好,毕业后,小娟便和父母提了男朋友的情况,但父母觉得不太满意,因此以“年龄尚小”为理由,让小娟与男朋友分手。周末的时候，父母让小娟别出去了，说在家包饺子吃。其实，父母是想阻止她出去约会。在父母的软硬兼施下，小娟不得不待在家里。上午十点，与男友约定的见面时间到了，小娟一边帮妈妈包饺子，一边抬头看钟表，急得就像热锅上的蚂蚁。半个小时过去了，她家的楼道里响起了脚步声，小娟听了之后，脸涨得通红，她知道那是男朋友没见到她急得跑到家里来找了，但是又不敢敲门进来，所以只好在楼道里徘徊。又坚持了十分钟，小娟实在忍不住了，哀求道："妈妈，让我出去一会儿吧，就一会儿。"妈妈看着女儿急成那样，非常心疼，但还是语重心长地说："小娟啊，妈妈不是不让你谈恋爱，但是你刚刚大学毕业，没有任何社会阅历，妈妈是怕你一时脑热，误了终生幸福啊！"见妈妈这么说，小娟不得不低下头继续包饺子。但是，过了一会儿，爸爸发现，原本背对户门坐着的小娟，现在却像拧麻花一样，上身仍然背对着门，下身却冲着门的方向转了四十五度角，尤其是脚，恨不得一下子迈出门去才好。而且，小娟的脚尖不时地在地上踮着，似乎内急。看到女儿这样，爸爸不忍心了，找了个借口说："闺女啊，咱家没醋了，这没醋吃饺子可不香，马上就要包完了，你赶紧以最快的速度去给爸爸买瓶醋回来吧！"听到这里，小娟极力掩饰住自己的兴奋之情，马上拿着钱去买醋了。

事后，小娟跟爸爸的感情变得特别深，觉得爸爸比妈妈理解自己，不管有什么心里话都和爸爸说。在爸爸的引导下，她和男朋友互相鼓励，最终在工作一年后双双考上了研究生，之后又一起出国去深造了。

看到这里，我们不禁会问，爸爸是怎么知道小娟的男朋友在门外的呢？

又是怎么知道小娟在被妈妈拒绝之后并没有死心,仍然急不可耐地想出去和男朋友见一面呢?其实,小娟的确听出了男朋友固有的脚步声,但是,小娟的爸爸根本听不出来小娟男朋友的脚步声,他是通过观察小娟的脚部动作知道的。小娟上身背对着门,下身却朝着门扭成了四十五度角,而且,她的脚尖恨不得一步迈出门去。由此,爸爸知道小娟并没有推掉约会,而且约会的对象很有可能就在门外等着呢!把握住了女儿的心思,小娟的爸爸恰到好处地让女儿出去买东西,这样一来,不仅避免了妈妈的反对,还使女儿有机会出去和男朋友匆忙一见!如此善解人意的爸爸,女儿怎么会不喜欢呢?

很多时候,脚部动作往往被人们所忽略,其实,脚部动作比其他肢体语言更真实、更准确。不管是在工作中还是在生活中,都可以通过观察别人的脚步动作来了解其内心世界,进而更好地与人相处。

心理启示:

有时,如果你看不透一个人的内心,不妨观察一下他在不经意间所做出的脚步动作,这样一来,往往能够洞察他真实的内心世界。很多时候,脚部动作往往被人们所忽略,其实,脚部动作比其他肢体语言更真实、更准确。

一个人的站姿所暗含的心理信息

日常生活中，我们常听长辈们说，站有站相，坐有坐相，这是告诫我们要行为端庄、知晓礼仪，事实上，从这些简单的动作中我们也能察看出一个人的心理活动。心理专家经过研究后认为：不同的站姿往往能反映出一个人的性格特点。不同的生活习惯、起居饮食、言谈举止、厌恶爱好以及意识倾向会决定一个人的站立姿势，也就是说，我们可以通过一个人的站姿看出这个人的性格特征和内心的真实情感。站立这种简单的动作也是百人百样，但只要细心观察周围的人，就可以从他们站立的姿势中探知其心理活动。我们先来看下面一个故事：

老刘现在已经40岁了，他是个典型的"无所谓"先生，从年轻的时候开始，他就是好像什么都无所谓的样子。

通常，在公共场合，人们看到的他都是这样一个姿势：两脚并拢或自然站立，双手交叉背在身后。

和朋友出去吃饭，朋友问他要吃什么，他说："随便啦，怎么样都行。"

后来，到了结婚的年纪，家里父母开始着急了，问他的个人问题，他的回答是："随缘吧。"再后来，经过亲戚介绍，他认识了现在的妻子，家人问他对女孩的印象,他回答:“你说呢?”总之,从他嘴里,永远得不到一个明确的答案。

儿子开始上小学后,变得调皮、不爱学习,妻子为教育孩子的事头疼得不得了,他反倒安慰妻子:“让他去吧,儿孙自有儿孙福。”妻子气不打一处来,他一笑了之。

单位新来的小伙子在工作上很认真,经常是大家下班后他还在工作,老刘看到后,对他说:“年轻人,没必要那么认真吧。”一句话让小伙子丈二和尚摸不着头脑……

……

可以说,故事中的老刘就是个典型的“无所谓”先生,这一点,从他日常生活中的站姿已经可以看出来。可以说,经常有这样站姿的人一般都与人相处得比较融洽,很大的原因可能是由于他们很少对别人说“不”。他们的快乐来源于对生活的满足,而同时,不愿与人争斗的个性既带给他们美好的心情,也带给他们愤怒,因为生活并不总是遂人愿,一味地逃避争斗有时候只会使事情更糟糕。

那么,具体来说,我们该如何从一个人的站姿中窥探其内心的秘密呢?

1. 含胸、背部微驼

很多女孩子在青春期发育时对身体的变化没有树立起健康积极的认识,容易有这种站相。这样的人往往缺乏自信,若是女孩子,则是很单纯的类型,需要加强保护或积极引导。

2. 挺胸收腹、双目平视

这种人往往有充分的自信,要么就是十分注意个人形象,或此时心情十分乐观、愉快。

3. 两手叉腰而立

这是具有自信心和心理上优势的表示。如果加上双脚分开比肩宽,整个躯体显得膨胀,往往存在着潜在的进攻性。若再加上脚尖拍打地面的动作,则暗示着领导力和权威。

4. 单腿直立,另一腿或弯曲或交叉或斜置于一侧

这是表达一种保留态度或轻微拒绝的意思,也可能是感到拘束和缺乏信心的表示。

5. 将双手插入口袋

这是不表露心思、暗中策划的表现;若同时弯腰弓背,可能说明事业或生活中出现了不顺心的事。

6. 喜欢倚靠站立,不是靠墙,就是靠着人

这类人好的方面是比较坦白,容易接纳别人。不好的方面就是缺乏独立性,总喜欢走捷径。

7. 遮羞式站立

手有意无意地遮住裆部,一般是男性采取的动作。遮住要害部位,是一个防御性动作,说明其心里忐忑不安,准备遭受批评和不赞同。

8. 双脚呈内八字状

多为女性的站姿,有软化态度的意味。许多女性在担心自己的支配欲

和好胜心太强时,往往采取这种站姿。

9. 双脚并拢,双手交叉站立

并拢的双脚表示谨小慎微、追求完美。这种人看起来缺乏进取心,但往往韧性很强,是属于平静而顽强的人。

10. 背手站立

背手暗含有“不想把手弄脏,所以把它搁置一边”的意思,这类人通常是自信力很强的人,喜欢控制和把握局势,或自恃是居高临下的强者。但是,如果一只手从后面抓住另一只手的手臂,则可能是在压抑自己的愤怒或其他负面情绪。在服务行业中,这种站姿又可能是想表明“我没有行动,没有威胁”的意思。

当然,这只是一些简单的介绍,仅供参考,其实,如果自己仔细观察的话,是可以从一些他人行为的蛛丝马迹中发现一些规律的。

心理启示:

不安分的腿脚是一个人身体中最真实的部位,而站姿是性格和心理活动的一面镜子,从站立的姿势,可以探知一个人的内心活动。

坐姿中的双腿交叉暗含了什么

现实生活中，人们已经习惯于从头部、脸部和手部等这些容易看得见的部位来判断交谈对方的心理活动，察看对方对自己是赞同还是反对，相反，对于那些我们视线之外的部位，我们常常会忽视，如双腿和双脚。可能你也发现，与人面对面坐着交谈时，对方可能偶尔会摆出双腿交叉的动作，这是习惯性坐姿还是对方产生了心理变化？我们不妨先来看下面一个故事：

小张大学毕业后，来到一家外企面试，面试他的人事部经理说话很客气，半个小时后，面试结束了，他握着小张的手，对小张说："请回吧，我们研究一下，会告诉你消息的，再见。"

小张当时心里很没底，他知道自己该去另外一家公司面试了，不能耗在这件事上，因为他已经看出了这次面试的结果：在谈话时，经理虽然面带微笑，但是他的双腿却由刚开始的双腿平直变成交叉，并开始双手抱胸，小张明白，这种体态就是表示：无论你怎么吹嘘，我都不会相信你说的。对你讲的我也不感兴趣，你不是我们所需要的人。

小张因为懂得身体语言，看穿了经理的心思，从而看出了自己的面试结果，没有浪费自己过多的时间。

从小张的故事中,我们也可以看出一点:很多时候,人们双腿交叉而坐并非是习惯使然,很有可能是排斥对方的表现。

假如我们在一家餐厅看到这样一个场景:一对相亲的男女正在聊天,男士正在侃侃而谈,情绪热烈,女士也频频微笑点头,乍一看,你会以为这是一次成功的会面,他们之间也必定会有下文,但只要你稍作留心,就会发现,女士的坐姿:双腿交叉,身体略微稍后倾,而脚尖正指向最近的一个出口。由这个姿势我们就可以明白,女士对这场谈话没有兴趣,内心深处有离开的打算。

在与人面对面交谈时,如果你发现对方的双腿和双臂同时处于交叉状态,你就可以判断出,他的注意力已经不在你们的谈话上了,甚至他的心思已经飞向远处。为了不让你感到尴尬,对你说话的内容,他会给出敷衍式的回答,比如,“是”或者“不是”等词语。这时要想让对方对你的观点表示真正认同是非常困难的。

再比如,你出席一个晚宴,发现在大厅的角落里,站着一个人,他双腿交叉,同时,还抱着双臂,这说明此人思想非常保守,对人的戒备心很强。这时,跟对方很顺利地展开话题是非常困难的,你必须从消除对方的戒备心开始入手,而且要做好打持久战的准备。

另外,相对于女性来说,男性更喜欢双腿交叉这个坐姿,甚至有一些人,他们并非是一条腿轻松地搭在另一条腿上,而是更习惯将一只脚踝放在另一条腿的膝盖上,两条腿呈“4”字状。这种坐姿代表了对方争辩或者争取获胜的态度。因为这个坐姿可以凸显男性的生殖器,因此被看成一种示威姿态，猴子在和黑猩猩产生斗争心理时，也会用这种坐姿来展现自己的生殖器，以传达自己的“威力”。

女士比男士更在意自己的形象，这样的坐姿并不雅，另外，跷二郎腿并不符合礼仪规范，所以做出这个姿势的大多是男士。男士在摆出这个姿势时，不仅能体现自己的自信和支配地位，同时也会显得放松和年轻。

但要注意的是，在和长辈或者领导交谈时，千万不要摆出这种姿势，因为这会让领导感到你对他的不敬。

如果一个人在做出“4”字腿坐姿的同时，还用一只手抓住抬起的那条腿，那就表示这个人非常有主见，甚至可以说是有主见得过了头，到了固执的地步。对这些人，不要轻易尝试去说服他们，因为你的努力往往是白费的。

当然，女士双腿交叉，除心理活动外，还有可能是其他原因，比如，女士经常穿短裙。双腿交叉是她们下意识地保护自己的举动。女士的这种爱好是由于穿短裙养成的习惯，我们可以称其为“短裙综合征”。交叉双腿的动作让女士看起来比较拘谨，这或多或少会让交往对象觉得无所适从，因此，一定程度上可以认为，穿短裙让女人看起来更难以接近。对于女性来说，最有气质的姿势是将两条腿以随意的方式交叉，然后将两腿斜向一边，两腿保持平行，女士要想保持优雅的仪态，应当学会做这个姿势。

心理启示：

双腿交叉跟双臂交叉一样，是表示排斥的意思。如果你的交谈对象的双臂和双腿同时处于交叉的姿势，那他的排斥意思显然已经相当强烈了。

为什么有些人会不自觉地抖腿

生活中,可能一些人会有抖腿的坏毛病,无时无刻都会不自觉地抖起腿来,这是为什么呢?其实,从心理学的角度看,这是紧张的表现。民间有个说法:“男抖穷,女抖贱”,虽然专家表示这是无稽之谈,但也从侧面反映出抖腿在每个人身上是一件再正常不过的事情。的确,正常人抖腿没有任何临床意义,是一种自我放松,毫无意识的。曾有心理学专家称,在人际交往中,真实信息的反映往往是通过非语言传递的,而肢体动作就是其中的一部分。通常来说,与他人互动可以有三种表现状态,即融洽、对立和回避。抖腿则可以简单地归类到回避反应中。回避状态多源于内心焦虑、没有安全感,非生理疾病性质的抖腿也是如此。例如,一个人在向许多人汇报工作时,常会不自觉地腿发抖,这多半就是心里没底,紧张、焦虑所致。从这个角度说,抖腿有时候还表明了一个人的不自信。我们先来看下面一个故事:

对所有情侣来说,恋爱谈到一定阶段就要谈婚论嫁,就免不了要见家长,小杨与小米恋爱有半年多了,小杨决定正式见见小米的父母。于是,为了体现自己的诚意,小杨去酒店订了一桌酒席。

这天,小杨很快到了酒店,他紧张不安地等待着小米父母的到来。终于，这一家人姗姗而来了。

一番介绍后，小杨便对小米的父母说："叔叔阿姨，我听小米说你们有一些忌口，就点了一些你们爱吃的菜，希望你们别嫌弃。"小杨很紧张地说完了这句话后，留意了一下小米母亲的表情，虽然对他笑了笑，但很明显，好像并不满意。

接下来的一顿饭，虽然小米尽力从中斡旋，但小米的母亲似乎都不大高兴，她和小杨都觉得莫名其妙。

饭后，小杨给已经和父母一起离开的小米发了条短信："你帮我问问，我哪里做得不好？"

"放心，收到，包在我身上。"

回到家后，小米的母亲把包重重地摔在沙发上，不高兴地说："还说什么研究生毕业，这么没教养？"

"老伴儿，咋了，刚才吃饭的时候我就看到你脸色不对了，那孩子挺好的啊，怎么就没教养了？"

"你老花眼了吧，他一直在那儿抖腿你没看见？我看，他要是动作再大点，整个桌子都要被他掀了。"

"哎，我看你是误会了，这是紧张焦虑引起的表现，你以为他不想给我们一个好印象？但越是想表现自己，就越是紧张。"

这时候，小米也解释道："是啊，他平时没有抖腿的毛病的，即便是和那些大客户交谈，他也能镇定自若，看来，您真是冤枉他了。"

生活中，我们恐怕也会遇到这样的情况，他人与我们交谈时会不自觉地抖腿,我们可能也会指责对方不尊重人,对于这样的情况,长辈们可能还会说“什么臭毛病!”然而,这样的指责,有时候还真受得有点儿冤。就如同故事中的小杨一样,他就是因为不自觉地抖腿被小米母亲认为是没有教养的表现,不过庆幸的是,最后,小米的父亲为他进行了一番解释。

因此,可以说,抖腿是正常现象,不过经观察发现,人在全神贯注做事情的时候,一般不会抖腿,通常都是比较无聊的时候才会抖腿,这是一种不自觉的表现。有些人平时抖习惯了,不抖还不舒服。

此外,也有专家从生理学角度,对抖腿动作进行了类比分析。从生理学上讲,久坐或久站不动,都会让腿感到不舒服,血流不畅,所以在自觉不舒服的情况下,人会在无意识中活动起来,以促进血液流通,缓解不适。而在心理方面也有类似的意思:当心理较长时间处于紧张、焦虑的状态时,人就会不自觉地做出缓解反应。

当然,抖腿也与个人习惯有关。一般最早时只是偶然反应,久而久之即形成自然反应,最后变成条件反射。因此,要想有所改变,除了自我调试焦虑心态,还应有意识地进行强化改变,就像强迫自己改掉坏习惯一样。

总之,从心理上来讲,抖动单腿或双腿是一种放松的表现,是下意识的放松。当然人在轻微紧张的时候也有可能会抖腿。但如果是不能控制的抖腿,就要去看看神经科医生了。

心理启示:

抖腿是用于放松神经,促进血液循环,给大脑发出“指令”,使人体减消一部分疲倦的一种不自觉的方法。

站立时用脚尖拍打地面的意思

生活中，任何一个交际高手都有一项本领——察言观色，他们不仅能看出与之交往的人的性格，还能看穿对方的脾气、情绪，从而做到有的放矢地与之交谈。

中国人常说站如松，这是提醒我们在站立的时候要做到：嘴微闭，两眼平视前方；收腰挺胸，脚挺直，两臂自然下垂；两膝相并，脚跟靠拢，脚尖张开约60°，从整体上产生一种精神饱满的感觉，切忌头下垂或上仰，弓背弯腰。

然而，我们不难发现，现实生活中的人们在站立时似乎都有这样那样的小动作，其中就包括脚尖不断拍打地面，这是习惯使然吗？对此，我们不妨先来看看下面的故事：

王晓是学市场营销的，毕业之后，他在一家化妆品卖场担任男士化妆品的推销员。因为他很会察言观色，所以推销业绩非常好。

这个周末，卖场来了很多消费者，当然，其中也不乏男士。尽管人很多，但忙碌的王晓还是在人群中发现了一个特殊的男客户：三十多岁，一身简单又名贵的穿着。来到卖场，他一句话不说，只是不停地看化妆品。

面对这样的客户，几个推销员在得到“爱搭不理”的回应后，就不再招呼他了。但王晓却发现这个客户有个特殊的动作——他突然站在某化妆品前,一边看,一边不停地用脚尖拍打着地面。而且在那里站了好长时间。

王晓知道这种人是典型的完美主义者,非常自恋。所以也不大会处理人际关系,于是他站在不远处,等这个男人抬头寻求帮助的时候,他才过去帮忙介绍产品的功能和价格。很快,这个客户购买了商品匆匆离开了。

在这则销售案例中,在其他推销员无计可施的情况下,推销员王晓并没有贸然推销,而是先观察客户,从客户的肢体语言——用脚尖拍打地面判断客户是个完美主义者并自恋,从而在客户需要帮助的时候才过去帮忙介绍产品的功能和价格,顺利地把产品推销了出去。

从这个故事中,我们可以得出结论:一个人在站立时如果有拍打地面的习惯,那么,他可能是个自我意识较强的完美主义者,他们相信自己的选择和判断,很难听进去别人的意见。

例如,工作中,如果上司告诉他做错了,他是不会接受的,接下来,他会说,老板,这件事情应该是这样的。于是,老板再次证明他是错的。过了10分钟,他又来找老板了。老板再一次证明是他不对。下班后他又打电话追来了:今天在单位做的事情是这样的。老板第三次证明他是错的。第二天一早,他又来找老板了:昨天的那件事是这样的。

这类人,对自己有着高标准的要求,一旦确定了某个正确的目标,或者感受到来自领导的期望,就会忘我地工作来让对方满意,而不是和某些人一样只是为了薪金或者权力工作。

在各行各业,他们都是敬业的、精益求精的,也希望能够教导他人去追求最好。他们相信人们在获得正确的信息后,会改变生活状态。

如果你不认同他,他的内心就会有负罪感,认为是自己做得不好,也可能会批评你周围的人。

因此,与这样的人打交道,我们最好不要试图去改变他的想法,而应该让他们自己去做决定和判断。

例如,你和你的朋友一起购物,你看他焦虑不安的样子,想给他点意见,但是他却有用脚尖拍打地面的动作,那么,这可能是他想给自己一点时间来思考,此时,你可以做的就是安静地陪在他的身边、一言不发,当他找到答案以后,他会感激你的善解人意的,也会把你当成最知心的朋友。

的确,一个小小的脚步动作就能彰显出一个人的性格、品质及至流露的内心情绪,因此,善于察言观色是我们破解他人心理密码的关键所在。

心理启示:

站立时喜欢用脚尖拍打地面的人,是有自恋倾向的完美主义者,他们对自己和他人都有着较高的要求,希望获得他人的认同,但却听不进去意见。如果你的身边有这样的人,与之打交道,应让其自主抉择,不可干涉。

第六章

身随心动：
肢体微动作心理分析

生活中，我们每个人都有自己独特的一些行为动作或生活习惯，它也能够反映一个人的内心世界和性格特点。因此，我们完全可以通过观察人的一些习惯性动作来读懂身边的人，例如，对方的坐立行姿态、睡觉的习惯、看电视的习惯、吃相醉态等。总而言之，一个人的肢体微动作是他性格特征和真实情感的显现，我们可以从这些细枝末节来透析对方，判断对方，进而更好地读懂对方。

一个人的坐姿透露的信息

现实生活中,我们参与人际交往,很多时候都是面对面地坐着交谈,坐姿这一看似静态的活动,其实也是我们察看他人心理活动的入口。我们先来看下面一个故事:

我已经三十岁了,周围的姐妹都纷纷结婚了,无奈,我不得不加入相亲的大潮中,我并不排斥这种结交异性的方式,也许真的能认识一个和自己很合适的人呢!在我的相亲经历中,有一位男士给我的印象很深刻,后来,我们成了很好的朋友。

那天,下着雨,我比预定的时间早到了二十分钟,于是,我选了咖啡厅靠窗的位置坐了下来,我心想,既然都下雨了,那人应该不会来了吧。但事实上,他居然踩着点来了,并且,很有礼貌地跟我打了招呼。他给我的第一印象非常不错,这样一个彬彬有礼的男士相信谁也不会讨厌。但接下来,我就从他的身体语言中发现,他和我是同一类人。

他虽然块头不小,但在自我介绍完后,就蜷缩在沙发里,把双手夹在大腿中间,并且,无论我们聊什么,他好像都不大愿意更换自己的坐姿,我想那对于他来说应该是最舒服的。因为很明显,他是个自卑的人,而我想找个自信、能替我拿主意的人。后面的谈话证实了我的判断，除了刚开始见面时，他冲我微笑了一下，后来他就一直呆若木鸡般地坐着。

为了使整个谈话的气氛不那么尴尬，我开始主动找话题，我发现，我们惊人地相似，我们都为自己瘦小的身材而感到自卑，都喜欢宅在家里，一到周末，宁愿自己在家做做点心、看看电视，也不愿意出去和朋友玩……

聊到最后，我们都发觉有点相见恨晚。

后来，我们再联系时，完全没有因为相亲失败而苦恼，相反，我们为交到一个好朋友而高兴。

古人云，“物以类聚”，性格相似的人很容易成为朋友，很明显，故事中的女主人公和她的相亲对象的结交经历就证明了这一点。她很清楚自己需要一个什么样的伴侣，在通过观察相亲对象的肢体语言——蜷缩在沙发里、把双手夹在大腿中间判断出对方和自己的性格类似，她发现彼此更适合做朋友。

专家们经过研究和分析，认为通过一个人的坐姿，也可以了解其性格和心理。

经常正襟危坐、目不斜视者：是力求完美，办事周密而讲究实际的人。这种人只做有把握的事，从不冒险行事，但却往往缺乏创新与灵活性。

爱侧身坐在椅子上的人：他们心里感觉舒畅，觉得没有必要给他人留下什么好印象。这种人往往是感情外露、不拘小节者。

把身体尽力蜷缩在一起、双手夹在大腿中间而坐的人：往往自卑感较重，谦逊而缺乏自信，大多属于服从型性格。

敞开手脚而坐的人:可能具有主管一切的偏好,有指挥者的天赋或支配性的性格,也可能是性格外向,不知天高地厚,不拘小节的人。女性若采用这种坐姿,表明她们还缺乏性经验。

将一只脚别在另一只脚而坐的人:一般是害羞、忸怩、胆怯和缺乏自信心的女性。

踝部交叉而坐的人:当男人显示出这种姿态时,通常还会将握起的双拳放在膝盖上,或用双手紧紧抓住椅子的扶手;而当女性采用这种姿势时,通常在双脚相别的同时,双手会自然地放在膝盖上或将一只手压在另一只手上。大量研究表明,这是一种控制消极思维外流、控制感情、控制紧张情绪和恐惧心理、表示警惕或防范的姿势。

将椅子转过来、跨骑而坐的人:这是当人们面临语言威胁,对他人的讲话感到厌烦或想压下别人在谈话中的优势而做出的一种防护行为。有这种坐姿习惯的人,一般总想唯我独尊,称王称霸。

在他人面前猛然而坐的人:表面上是一种随随便便、不拘小节的样子,其实说明此人隐藏着不安,或有心事不愿告人,因此不自觉地用这个动作来掩饰自己的抑制心理。

坐在椅子上摇摆或抖动腿部或用脚尖拍打地板的人:说明其内心焦燥、不安、不耐烦,或是为了摆脱某种紧张感。

和你坐在一起而有意识挪动身体的人:说明他在心理上想要与你保持一定距离。并排而坐的两个人要比对坐着的两个人,在心理上更有共同感。

喜欢对着坐比喜欢并排而坐的人:更希望自己能被对方所理解。斜躺在椅子上的人比坐在他旁边的人，更具有心理上的优越感，或者处于高于对方的地位。直挺着腰而坐的人，可能是表示对对方的恭顺之意，也可能表示被对方的言谈激发起浓厚的兴趣，或者是欲向对方表示心理上的优势。

心理启示：

一个人的坐姿，可以反映一个人惯常的性格特征和当时的心理，观察他人的坐姿，能帮助我们更清晰地掌握人心。

看电视时的习惯透露出的信息

生活中的每一个人，在看电视时所表现出来的习惯都不同。有的人一看电视，就精神百倍、聚精会神；有的人则是一边做家务，一边看电视，只是偶尔瞄一下电视；也有一些人一坐在电视机前就犯困，电视里的声音似乎就是催眠曲；还有一些人，看电视喜欢走马观花，似乎什么都懂，不停地换台。其实，这些常见的看电视的习惯都有可能发生在你我的身上，透过这些习惯可以看出一个人的性格特点。我们先来看下面的故事：

金先生和金太太已经结婚三十年了。可以说，这三十年来，金先生都是在金太太的唠叨中度过的，然而，金先生却觉得这是一种幸福，他认为，夫妻之间，拌拌嘴才是过日子。

这天,金太太照例和自己的几个女友约好出来逛街,几个女人聚到一起,难免会谈到自己的丈夫。一提到这点,金太太又开始唠叨起来了:“我们家老金,我真是不知道说他什么好,你看,结婚这么多年,他好像把我当空气,周末,想让他陪我逛逛街,他从来都是摇头谢绝,即使我生气,他也不愿意。好吧,我不勉强他,但晚上,我让他陪我看看电视,他居然一窝在沙发上就睡着了,没办法,我又不能让他感冒了,就让他去床上睡觉。你们说,这样的老公要来干什么?一点意思都没有。”

“你就知足吧,其实,连你自己都没意识到,你家老公的性格很好,我家老公还经常跟我抢遥控器,一个劲儿地换台,很受不了,你自己想想,谁更好点儿?”一个姐妹对金太太说。

“是啊,其实,就一个简单的看电视的习惯,我们都能看出来各自老公的性格,金先生这样的人就属于随遇而安的,你们结婚三十年,一直感情不错,其实也就是性格互补,你一天咋咋呼呼的,金先生这样的性格才适合你啊。”另外一个姐妹补充道。

“你们说的也是,我们家老金的确是大部分事都顺着我,不跟我顶嘴,这么看来,我还真捡到金子了啊……”

“那是当然……”

的确,生活中,人们的很多性格特点都能从他们的生活习惯中看出来,其中就包括看电视,故事中的老金是个一看电视就睡觉的人,这样的人通常性格比较温和,很容易相处。

下面我们就根据几种常见的看电视的习惯来读懂他人:

1. 聚精会神型

有这样一些人，喜欢在某个固定的时间，打开电视机，然后聚精会神地看电视，他们不会一边吃东西或者一边干家务，一边看电视。这样的人，做人做事就像看电视一样很认真，全身心地投入。另外，他们的情感比较细腻，有丰富的想象力，很容易与他人产生共鸣。

2. 走马观花型

我们的家人或者朋友中，肯定有这样一些人，他们总喜欢拿着遥控器，然后不停地换台，好像就是找不到喜欢的电视节目，常常使身边的人不能认真地看电视。这样的人耐心和忍受力都不是特别强，但独立性很强，不属于那种人云亦云的人，也不是那种一哄而起、一哄而散的人。他们在生活中很懂得节约，不会浪费时间、金钱、财力、物力等。

3. 忙里偷闲型

有的人看电视的习惯，与聚精会神型正好相反。他们不会为了专门看电视而坐在电视机前，而只把看电视当成一种附加活动，例如，在择菜、打毛衣、拖地时，他们会打开电视机，忙里偷闲地看看电视，不会把注意力都放到电视上。这样的人，很有灵活性，做人做事都不会因循守旧，懂得变通，能够较容易地适应各种各样的环境。有时候，在条件允许，或是不允许的情况下，他们都很愿意尝试新鲜的事物，向自己、向外界进行挑战。

4. 睡觉型

有的人在看电视的时候，看着看着就睡着了，经常是躺在沙发上就睡着了，而电视还开着。除了是因为工作太劳累，人非常疲劳的情况，这种类型的人的性格大都是随和而乐观的。他们往往能够笑着坦然面对生活和工作中遇到的挫折和困难,并积极地寻找各种方法,力争最后轻松地解决。

心理启示:

看电视在我们的生活当中,几乎是一项不可缺少的重要内容,但你却不一定知道,通过看电视,也能够观察出一个人的性格特点。

挑选座位的举动透露出的信息

日常生活中,我们会去很多公共场合,这就涉及座位的选择问题,你更喜欢第一排、第二排还是其他位置?这一看似不经意的举动,其实都会将我们内心的想法暴露无遗。

意大利非语言交流学家马克·帕克利对人们在车厢中的行为做了多年研究,他认为,人们上了空的公交车后,一般都不会选定第一排座位——这排位子通常到了车厢快满时才有人坐,心理咨询师认为,这种选择是人类特有的安全感造成的。当你选了第一排座位时,坐在背后的人会让你感到一种潜在的威胁,因为你看不见他们在你背后做什么。其实,不仅是坐公交车,很多场合下,人们都不愿意选第一排的座位。

我们不妨先来看下面的故事:

曾经有一家知名外企到某大学进行校园招聘活动，当时，全校一共有八百多人参加了他们的宣讲会，但是在大会结束时需要留下 1/3 的学生准备下一轮选拔。外企如何快速发现人才？原来，关键就在于大家对座位的选择。

首先，考官会看进场的状态，谁坐在前面先留下，最后三排没希望，不管他如何优秀，坐角落两边的都不要。坐中间的要看听课状态，如果认真并且眼神有互动，积极回答问题也可以考虑，这样就会留下 1/3 的同学。

这家知名外企选拔人才的方式其实是有一定的心理原因的，因为通过人们在某些特定环境中挑选的位置或者对座位的特殊偏好能够读出人们内心的想法。

其实，在社交场合，我们也可以根据人们挑选座位的方式来看出他们的性格，具体来说：

1. 喜欢靠窗而坐的人平凡

窗边位置明亮，且能看见窗外的行人、车辆以及发生的事，通常来说，个性平凡的人喜欢挑选这样的位置。另外，这样能避开人多的洗手间附近，尽可能远离喧闹嘈杂的人群。

2. 喜欢挑选中央位置的人表现欲望强、以自我为中心

一般来说，这样的人不多见，他们有很强的表现欲。在人际交往中，他们的话题总是离不开自己，很少关心他人，很爱面子，在某些场合，会主动埋单，在工作中，具有领导气质。

当然，他们最大的缺点就是很少顾及他人的感受。例如，在饭店吃饭，服务员不小心上错了菜，他必定会马上与服务员争执，甚至会说出难听的话

来。总之,这种人并不是那么容易沟通和相处。

3. 喜欢挑选角落位置的人喜欢安定

尽可能地选择角落位置的人,也是因为坐在角落里能对店内全景一览无余,这样,就能看清楚所有的人和事。

一般来说,这种人追求一种安定、稳妥的生活。由于习惯做一个旁观者,基本上缺乏决策的能力,以及作为一个领导者应有的积极态度。因此,与其要他做一位领导者,还不如请他当顾问来得更加适合。

4. 喜欢坐在入口处附近的人,个性急躁

这类人精力旺盛、对生活工作都很积极、乐观,总是乐于助人,喜欢走来走去,好像永远也闲不下来。

5. 喜欢面向墙壁的人孤傲

偏好靠近墙壁附近的座位,而且喜欢面向着墙壁以背对着其他客人,显示出这类人不想和其他人有任何瓜葛的心态。背对着其他客人显得孤傲,他们热衷埋头于自己的世界,无视外界的存在。

6. 喜欢背靠墙壁的人普通

同样选择靠近墙壁的座位,但喜欢背对墙壁、面对店内客人而坐的人,应该算是很普通的类型。人们会将背部贴着墙壁,是一种十分平常的心理反应。因为背靠着墙壁,我们既不需要担心背后是否会有敌人偷袭,又可以眼观六路、耳听八方,注意周围的动静。

对一般人来说,由于背部没有长眼睛,很难注意到有什么事情发生,因此,将背靠着墙壁,是一种能令人安心的本能反应。

当然，以上只是针对一个人在某个场所时选择座位的情况分析，当众人一起进入某个场所时，人们选择座位的方式则应该另当别论：

进入场所后，环顾四周，然后对其他人说："坐那里吧！"。这样的人很自信、很有气场，是会直接表达内心想法的人，但也可能因为独断而让他人生厌。

带领着大家就座，却发现位子已经被其他人占了，于是，不得不重新寻找，有这样习惯的人判断力欠佳，且会做出错误判断，经常会出现小失败，不过却反而凸显出其个人魅力，乐于配合他人，老实的性格受人欢迎。

总是跟在大家后面等待被安排的人通常有依赖心理，他们自己不会主动去做一件事，只是配合其他人。

会立即问工作人员具体情况的人，虽然懂得变通，但他们会以现有结果为优先，而忽视其他一些更为重要的因素，例如，其他人的喜好与氛围等心理因素，也有不考虑别人意见与想法的一面。

心理启示：

我们经常需要坐在咖啡厅、餐厅、会议室等这些地方，你喜欢坐在哪个位置呢？通过不同的位置，可以大致判断出每个人的个性。

第七章

言表心声：
言谈话语微动作心理分析

现代社会，随着竞争的逐渐加大，一些人习惯了隐藏自己，在人际交往时，单从对方所说的话去了解一个人，已经变得不再那么可能了。但其实，在观察微动作的同时，我们还可以从彼此的言谈话语间找到一些细微末节的突破口，如打招呼的方式、口头禅、语气语调等，将这些与微动作结合起来理解，能帮助我们更快地把握人心。

看穿不同笑容背后的秘密

我们都知道，与人初次见面，一个亲切的微笑就能拉近彼此的距离，消除双方的拘束感；与朋友见面打个招呼，点头微笑，会让朋友之间显得和谐、融洽；长辈对晚辈微笑，可以使晚辈消除紧张，敬畏就会被信任和亲切所代替；上级对下级微笑，会让下级感到上级平易近人；服务人员面带微笑，顾客就有宾至如归之感。可见，笑的作用是多么的大。

日本有一位著名的造型家，他出版了一本书，书中一个跨页收集了几十位女性的头像，这些女性有年老的、年轻的，有人们认为很美的，也有很丑的，但是看她们每一个人时，你的心情都是愉悦的、恬静的。不为别的，就因为她们给了你灿烂的笑容。

的确，微笑是社交场合的通行证，是表达感情的最好方式。然而，笑和一个人的性格却有着一些必然的联系。但是我们可以通过他人的笑容来了解其内心状态。下面几条能帮助我们对他人的笑容有个初步的了解。

分辨愉快的笑与虚假的笑，单单是“笑脸”，就有微笑、苦笑、嘲笑等好几十种。“笑”本来是为了缓和紧张感而生的，然而像嘲笑或怜悯的笑之类，反而是在不愉快的场合中出现的“笑”。根据不同的笑脸，我们可以了解对方微妙的心理情况：

嘴角上扬的人：自信心很强、气场很足；

半边嘴角上扬的人：自信心不饱满，对一切都感到很空虚；

笑起来像女人一样的男人：平时很认真，但行为无法预测，时有惊喜的表现。

只用鼻息发出笑声的人：做任何事情都很努力，多数人都比较吝啬。

用鼻子笑的人：有蔑视他人的倾向。

发出哧哧笑声的人：平常应该是温顺的人，是谨慎保守的老好人，会在别人背后帮忙。假如故意这么笑，就有嘲笑的因素在里头。

笑声爽朗的人：性格开朗，从心里感到放松，豪迈的笑与高声笑的人也是这种状况。只不过，在不太自然的情况下大笑，会令人感觉有别的意图，如故意显示自己很了不起，让人觉得自己很豪爽。有的人外表看起来豪爽，内心却有强烈的自卑感与不安，便想以大笑来隐藏，属于个性扭曲、不想让人看见真心的类型。

抿着嘴笑的人：让人感觉到他的优越感。这种笑，有时会让人觉得不舒服。这种人可能容易轻视他人，而且丝毫不加掩饰，不谙人心理的微妙之处，是独善其身的人。即使发生失误，也会假装“不关我的事”，一副若无其事的样子，会绝不在乎地推托、抵赖。

一点儿也不稀奇的是，有些人经常笑。这种恭维的假笑，是一种阿谀奉承别人的举动。带有“我会服从你”意味的笑脸，表示心怀不安或是有担心的事，有“请帮助我”、“请关心我”的动机。此外，还有“想和你成为好友”的亲和欲求。

是不是从内心发出的笑，只要留意眼睛和全身即可得知。不自然的笑或有目的的笑，通常是嘴角堆着笑，但眼睛却没有笑意。此外，身上也没有很兴奋的反应。

这些笑容的小秘密被透露出来，并不是说我们要控制自己的笑容，相反，是要告诉我们在对他人微笑时，一定要发自内心。并且，如果你是个不爱笑的人，一定要加以训练。心理学家告诉我们，外部的体验越深刻，内心的感受就越丰富。也就是说，有了外部的“笑容”，也就有了内心的“欣喜”。每天晚上对镜中的“你”笑上几分钟，然后含笑而眠；早上起来，心中默念“嘴角翘，笑笑笑”，你会发现因为有了笑容，也就有了好心情。

心理启示：

一个人如何笑、何时笑，笑的深度和姿态都能体现出他的性格、内心动态。当然，我们不要惧怕微笑，因为一个人的笑容改变了，他的性格、心理也会随之改变。

从打招呼的方式辨析

在人际交往中，人们初次见面或者遇到熟人时，都会采取一种表示友好的方式——打招呼，可以说，打招呼是一种最简便、最直接的礼节，可能我们每天都需要这样做，因此，打招呼的方式也能透露出一个人的性格。我们不妨先来看下面这个故事：

老王是某事业单位的职工，和周围邻居、同事的关系都很好，很少得罪人。最近，单位从外地新调来了一个领导，被安排住在老王所在的小区。周末的早上，老王准备和妻子去买菜，在小区门口，领导看见了老王，便跟老王打招呼："老王，你好啊。""您好，李处长。"

当时，老王的妻子也向这名领导点了点头。

后来，老王发现，李处长每次看见他，都会以这样的方式和他打招呼，多年的识人经验告诉老王，这个李处长是个藏得很深的人。

有一次，老王听说李处长过生日，便送给他一幅画。第二天早上，李处长看见老王，还是那样打招呼："老王，你好啊。"老王心里纳闷，难道他不喜欢自己送的礼物？谁知道，老王一到办公室打开邮件，就发现李处长给自己的留言："老王，谢谢你，我很喜欢你的礼物……"

故事中的李处长是个典型的官，在人际交往中表现得小心翼翼，才不会给人留下口舌，会很注意自己的形象。因此，即便下属送了自己一件很喜欢的礼物，他们也会选择暗地里感谢，这样的性格，其实从他几次和老王打招呼的方式中就已经显现出来了。

的确，一次小小的打招呼，也能让我们找到了解他人心性的突破口，不同的人打招呼的方式大有不同，具体来说：

1. 打招呼时双方的空间距离,直接显示出双方的心理距离

不难想象,死党、闺密在见面时打招呼会立即走过去,然后给对方一个大大的拥抱或者直呼对方的小名、昵称等,这会让我们感到很亲密。而如果某个人在跟你打招呼的时候下意识地后退了几步,可能在他看来这是礼貌的表现,但你肯定会觉得他是有意识地抗拒你,是有所顾忌的表现。

2. 初次见面就很随便打招呼的人,是想形成对自己有利的势态

初次见面就很随和地打招呼的人,往往会使人大吃一惊。有人常常认为这样的人很轻浮,其实这种人往往很寂寞,非常希望与别人亲近。去酒吧或俱乐部时,坐在自己旁边的女士,虽然彼此是初次见面,却很亲热地与自己交谈,事实上是那位女士想现场的状况变得有利于自己。

心理专家提醒,当遇到"自来熟"的男性时,女性要特别小心,切勿使男性有机可乘。这种男性的性格浪漫大方,是个滥情家,性情懦弱,迷恋女性,且其中不乏游手好闲之人。

3. 边注视边点头打招呼的人,怀有戒心

打招呼时伴有注视对方眼睛这一动作的人,可能是对对方怀有戒心,还有一种可能,就是希望自己处于优势地位。而凝视对方的眼睛,就有可能是借此方式来探测他人的心理。

4. 打招呼时不敢看着他人眼睛,多半是自卑所致

你可能会误解:你很真诚地看着对方的眼睛打招呼,对方却没有回应你,而是避开你的眼神,你会认为他们是瞧不起人,但实际上并非如此,他们

可能是因为自卑或者胆小，因此，你需要整理自己的心情，不需要为此生气。

5. 虽然经常见面，但还是千篇一律地打招呼，大多是自我防卫、表里不一的人

故事中的李处长就是这样的人，虽然与某个人的见面次数很多，经常一起吃饭、喝酒，但他们见面时还是会千篇一律地打招呼。这种人具有自我防卫的性格。

6.“招呼常用语”揭示人的性格

“招呼常用语”指的是刚刚和某人结识或与熟人相遇时经常使用的打招呼的话语，心理专家曾有研究表明，从一个人的打招呼用语，可以了解到这个人身上的很多性格特点。这些“招呼常用语”有：

“喂！”——他们开朗大方、活泼好动、思维敏捷、富于幽默感；

“你好！”——这类人性格稳定、保守、工作认真、负责、深得朋友信任，能很好地控制自己的情感，不容易情绪化；

“看到你真高兴。”——此类人大多性格开朗，待人热情、谦逊，对很多事物都很感兴趣，但容易感情用事；

“最近怎么样？”——这类人爱表现自己，自信、大方，渴望成为社交场合的焦点，但同时，在行动之前，喜欢反复考虑，不轻易采取行动；一旦接受了一项任务，就会全力以赴地投身其中，不圆满完成，绝不罢休。

“嗨！”——这类人比较多愁伤感、腼腆，不希望得罪人，常常会担心做错事而不敢尝试，但在与自己熟悉的人面前，也比较活泼，在周末或闲暇时间，他们更愿意与爱人一起宅在家中，而不愿外出消磨时光。

心理启示：

打招呼因人而异，没有千篇一律的方式，从打招呼和应答的方式中，都可以反映出一个人的性格特点。

从语气中感受对方心情的变化

生活中，人们常说："祸从口出"，所有的祸端都来自语言，这句话是要告诫我们做人做事一定要谨言慎行，不可毫无顾忌地说话。但从这句话中，我们还应该得出的一点结论是，与人打交道，要想看清别人，可以从对方的语言着手，当然，大部分情况下，人们是不会直接表明自己的想法和情绪的，这一点，需要我们自己感知，其中一个重要的方面就是语气。要知道，任何一句话，都是带有感情的，因此，就产生了语气。一个人的心情如何，通常都体现在语气中。我们先来看下面一个故事：

王安石做宰相的时候，儿媳妇家的亲戚萧氏的儿子到京城，拜见王安石，邀请王安石吃饭。第二天，萧氏的儿子盛装出席，以为王安石必定会以盛宴相邀。到了中午的时候，觉得很饥饿但不敢离去。又过了很久，王安石才下令入座，但连菜肴都不准备。萧氏的儿子心里对此感到奇怪。喝了几杯酒后，才上了两块胡饼，又上了四份切成块的肉。一会儿就上饭了，旁边只安置了菜羹。萧氏的儿子很骄横放纵，他不放下筷子，只吃胡饼中间的一小部分，把四边都留下。后来，王安石才缓缓地出来，看到这一幕，只是轻轻地笑了一下，然后把剩下的四边取来吃了，萧氏的儿子感到很惭愧，便回去了。

在这则故事中，王安石表达不满的方法很有一套。首先，王安石不出声，只是笑了一下，这已经表示出了他的不快，接下来，他又把萧氏的儿子吃剩下的饼吃了，这更加是一种无声的责备，萧氏的儿子感觉到了这一点，自然惭愧地回去了。

语言是内在最好的表现，是表达心声的最佳武器，而语气则具有隐性的特点，因此，我们在与人交际的过程中，就要学会观察对方的语气，假如一个人说话高高在上，他必定是个得意之人，面对这样的人，你需要小心说话，以免生事端；假如一个人说话轻声细语，那么他就是个性格温柔之人，但也可能是绵里藏刀，这样的人你更要小心提防；也有一些人说话大声爽朗，他们的性格和他们的声音一样，让人感觉开朗大方；而更有一些人，说话诚恳，不矫揉造作，这样的人，谦虚恭敬、平易近人，能获得别人的诚心相待。

一般来说，一个人的感情或意见，都在说话的语气里表现得清清楚楚，只要仔细揣摩，即使是弦外之音也能从说话的帘幕下逐渐透露出来。

1. 留意语速变化，就抓住了对方的内心变化

如果一个人平常说话慢慢悠悠、从不着急却突然加快时，很可能是对方说了一些对他十分不利并且是无端诽谤的话，语速的加快表达了他内心的不满、着急和委屈；相反，如果语速减慢，则很可能是对方触及了他的一些短

处、弱点甚至是错误，要不就是他有事瞒着对方。语速的减慢反映了他底气不足、心虚、卑怯的内心状态。

2. 声调的提高，并不一定是有理

音调的变化、语气的改变能体现一个人内心的活动，反映出一个人真实的一面。理直才能气壮，为了引起你的重视，他往往会提高声调。对此，你可以这样说："是的，我也认为……"

3. 沉默寡言的人变得健谈，是因为心里有"鬼"

突然由沉默变得健谈的人，往往是刚遇到了一些自己不愿意别人提及的事情，也就是心里有"鬼"。对此，我们要识趣，可以这样说："对了，我想起一个问题……"这样，就能顺利把话题引开，把对方的思维引向别处。

总地来说，真正会察言观色的人，是不会只听对方的表面话语的，而是懂得观察对方情绪的波动，只有这样，我们才能对症下药，采取正确的应对方式。

心理启示：

生活中，我们能从别人的声音和语调来看出一个人的人格、品性以及他在与你交谈的时候的情绪等，当我们懂得这些以后，就能更深入地了解应酬对象，从而方便我们做出轻松自如和正确的应酬决策。

从会面场所的选择分析信息

日常生活中，无论是普通朋友还是异性之间的约会，无论是一般意义的见面还是上午会谈，都涉及约会地点的选择，这看似很随意的一个选择，却能反映一个人的处事方式。我们先来看下面的故事：

小林所在的公司最近新来了一个女同事双双，大概二十岁出头，应该是从大学刚毕业不久。公司里所有的同事都很喜欢她，她很乐于助人，当别人说“谢谢”时，她总是说：“不客气，举手之劳而已。”恰好，当她实习期结束后，领导将她和小林分到了一个小组。长期在一起工作，小林渐渐对这个姑娘产生了好感，但却不知道对方是怎么想的。

一个周末的上午，小林在家百无聊赖，便打电话给双双，想约她一起吃个饭、看场电影，双双倒也爽快，就直接答应了。

“那我们去哪儿吃饭呢？我不知道你喜欢吃什么？”小林问。

“我比较爱吃川菜，我知道公司附近有家店不错，你觉得怎么样？”

“好吧，那一会儿见。”

……

在双双出门前，学心理学的室友叮嘱她：“吃饭的时候别忘了问，如果让他选择约会地点，你可以给他四个答案，他选择哪个答案，就能判断出他的性格，就能看出他是不是你的白马王子。”双双虽然觉得不太靠谱，但还是记下了室友的话。

吃饭的时候，两个人聊得很开心，聊到尽兴之时，双双问：“林哥，如果我下次主动约你的话，你会选择在哪里见面呢？”

听到双双这么说，小林有点受宠若惊，“呃……”思考了一会儿后，他说：“我觉得公园好点儿吧！我喜欢两个人坐在公园里，吃个棉花糖，看着周围可爱的小朋友和颐养天年的老人，我会觉得很安逸。你觉得呢？”

“嗯，我也挺喜欢的。”双双听完后，漫不经心地回答。其实，她心里早在盘算着答案，选择公园作为约会地点的人，应该是开朗大方、活泼型的人，这和自己的性格很互补啊！看来，这个林哥很适合自己。

“不过，你说的下次主动约我，是真的吗？”小林趁机问。

“当然是真的，那下次我们就一起去人民公园，我们还可以一起放放风筝。”

听到双双这么说，小林心里甭提有多高兴了。他心想，既然人家姑娘已经主动表示好感了，自己就应该一鼓作气把双双追到手，于是，吃完饭后，他又带双双看了场电影，从电影院出门，他们已经牵起了手。

自从这件事以后，小林就把双双当成自己的女朋友了，并在自己的微博上发表了很多情感宣言，他们周围所有的同事都知道了这件事，这一对小情侣沉浸在了他人的祝福中。

在这则案例中，小林为什么能成功地把自己喜欢的女孩追到手？这是因为他在无形中接受了双双的心理测验，当他的答案符合双双内心的想法后，双双便主动表示出了好感，两人便顺理成章地成了恋人。

心理专家称，日常生活中，异性之间包括普通朋友之间的约会，最能反映一个人深层心理的最佳指标。具体来说：

(1)选择在家门前的人。这种人性格外向、独立性强，为人老实，但却不会办事，不会做人，常常毛毛躁躁，易将事情搞砸。

(2)选择在公园见面的人。这种人性格外向，热情大方，活泼开朗，个性奔放，热情、直率、独立，是天生的领导者。

(3)选择在咖啡店见面的人。这种人是典型的生活艺术家，他们热情、浪漫、感情丰富，懂得如何表达爱和让爱人享受浪漫的生活，同时他们也很爱自己，不会让自己受委屈。

(4)选择车站的人。这种人为人热情，气场强，办事风风火火，但性格急躁，没什么耐心，很有时间观念，讲究效率，之所以会选择车站这一约会地点，就是为了方便。工作中，他们很热情，表现也很好，但人际关系处理得并不怎么样。

心理启示：

选择什么样的约会地点，表面上看只是一件很小的事，却能从侧面看出此人的性格特征和为人处世的方式，是我们了解他人的一个很好的突破点。

从会面时的时间观念分析信息

现实生活中，与人打交道，就要会面，这样就出现了一个人是否守时的问题。面对约定，一个人是否守时，体现的不仅是他自身的时间观念，也暴露出他的性格特点。关于这点，我们还是先看下面的故事：

"不好意思，刚才那会儿车子发动不了，你再等我十分钟，我马上到……"电话这头的小鹏给女朋友莉莉解释，莉莉心想，这已经是我们恋爱以来你第十九次迟到了，而事实上，他们才恋爱两个月。

两个月前，高大帅气的小鹏得知公司公关部新来了一个美丽的女孩莉莉，便对她展开攻势，而他的帅气一下子也吸引了莉莉，很快，两人坠入爱河。然而，也不知道为什么，无论什么时候约会，小鹏总是会迟到，最短时间十分钟，最长时间一个小时。莉莉实在忍受不了了。

于是这次，等小鹏风风火火地赶到约会地点时，莉莉很正式地对他说："鹏，我们分手吧，我不想做那个永远等着你的人，再见……"

故事中的莉莉之所以会向小鹏提出分手，是因为小鹏是个"迟到大王"，换作是谁，恐怕也会和莉莉做出一样的选择。其实，可能连小鹏自己都没有意识到，他之所以会经常迟到，是与其性格有一定关系的。在心理学家皮埃尔·温特看来，这实际上表达出一种强烈渴望关注的态度，他们希望得到别人的重视、成为人们焦点。因此，他们多半都是固执的、不喜欢接受他人的意见。与这样的人谈恋爱，需要明白的是，我们不要指望影响他们，改变他们。尊重他们的意见、与其和平相处也许是最好的恋爱模式。

的确，生活中我们经常听到有些人为自己的迟到找借口，“我堵在路上了”、“我出门晚了”……事实上，一个人的时间观念影响着他的行为，也暴露出他的性格特点。

第一类：从不迟到的人。

有的人不仅从来不迟到，而且总是提前一点到达约会地点。这样的人对生活抱有敬畏、尊重的态度。他们爱惜自己的时间，也尊重别人的时间，宁愿自己等，也不愿让大家等。他们做起事情来小心谨慎、计划性强。

第二类：总是迟到。

这样的人是大家眼中的“迟到大王”，无论约会去做什么，他们没有几次能按点出现的。因此，知晓他们性格的人多半会在约定时间后才会出现。当然，在与异性交往的过程中，他们常常也会因为这一点而得罪对方。这种人喜欢按照自己的意志行事、不受他人控制，就像一个任性、固执、永远长不大的孩子。

第三类：踩着点到达约会地点的人。

还有一些人则习惯踩着点到达，他们习惯严格掌控自己的生活，喜欢有条不紊地完成事情，是典型的“完美主义者”。一旦发生突发状况，会显得有些焦虑不安。

他们的性格中也有一些弱点,有时仅仅凭个人的好恶或价值观来决定事情,并希望别人也以同样的角度或标准来处理问题的倾向。有时他们心里总想着别人的问题,可能会过于陷入其中,以至于被其困扰。有时容易将别人或事情理想化,不够实际。尽管常常自我批评,但他们不是特别善于管束和批评他人。有时会为了和睦而牺牲自己的意见或利益。有些“理想主义者”比较容易动感情,情绪波动较大。

第四类:不喜欢迟到,但不会拼命赶时间。

还有一部分人,不喜欢迟到,但也不会为了守时而拼命赶时间。这样的人通常生活比较随意,喜欢自由自在,不轻易勉强自己。为人坦诚,不擅伪装。另有一些人,喜欢一边等人,一边不停地看时间。这类人不仅时间观念强,而且对他人也有着严格的要求,做事习惯拿出“证据”,用事实说话。

当然,无论您是哪种性格的人,都一定要记住守时是很重要的。哲学家尼采就曾说:“说好的约会时间,让别人等待,连招呼都不打一声,这种行为是极其恶劣的。这不仅是不讲礼貌、不遵守约定的问题。在对方等待你的过程中,因为你的不出现,在等待的时候,他会产生各种负面的情绪,例如,担忧、猜想,继而产生不快,甚至会因此而愤慨。也就是说,让别人等待无异于不道德,会在不经意间令那人的人性变得邪恶。”的确,不守时既浪费了自己的时间,也浪费了别人的生命。这看似是一件小事,却体现了你的做人态度,如果你对别人的时间表示不尊重,你也不能期望别人会尊重你的时间。一旦你不守时,就会失去影响力或者道德的力量。但守时的人会赢得每一个人的好感。

心理启示：

不同性格的人，有不同的时间观念，通过观察他人赴约时常有的时间观念，能帮助我们更清楚地了解他人的性格。

口头禅彰显一个人的个性

生活中，我们经常会有意无意地提到某个词语或者某个句子，这就是口头禅。“口头禅”一词来源于佛教的禅宗，本意指不去用心领悟，而把一些现成的经验挂在口头，装作有思想。演变到今天，口头禅已经完全成了个人习惯用语的意思。而且按照现代心理学的观点，口头禅其实也不是完全不“用心”的，它的背后隐含着一些心理活动和心理作用。

琦琦是一名刚参加工作的推销员，现在的她还在接受公司进行的销售新手培训。在培训的过程中，负责培训的张老师发现，琦琦很喜欢把“说真的”挂在嘴边。

这天课后，张老师单独找来琦琦。

“你对自己满意吗？”

“挺好的啊，您为什么这么问？”琦琦很好奇。

“也就是你认为自己很自信喽！那为什么你很喜欢说‘说真的’这个

词呢？”

“口头禅而已，这应该不能说明问题吧？”

“这你就错了，一个人的口头禅是能泄露一个人的性格特征的，我们千万不能低估客户的观察能力，一个人喜欢说‘说真的’，其实是不自信的人，这样强调，就是为了让对方相信自己，我想，你应该知道自信对一名销售人员来说有多重要吧，你自己的底气不足，又怎么能说服客户呢？”

“我知道了，谢谢您，张老师，我会尽量改掉这个口头禅的……”

和故事中的琦琦一样，很多人都有自己的口头禅，这看似是一种语言习惯，其实是一个人个性的显现。使用不同口头禅的人，在性格特征上也是不同的，对此，我们不妨根据口头禅使用的不同来对身边的人进行划分：

1.“据说、听说”

常使用这一类口头禅的人，往往有这样一些特点：阅历比较广，但往往不够果断。为了让自己的话不至于太过绝对、给自己留点退路，他们便常使用此类口头禅。

2.“真的、不骗你、说实话”

这种人在说话时担心听者会误解或者怀疑自己，因此，便急于想表明自己的立场。

3.“但是、不过”

这些人说话时滴水不漏，即使发现自己说错了话，也能立即找到一个例外，并用“但是”加以转折，但这也表明他们说话懂得给自己留有余地，从事公共关系的人常有这类口头语，因为其委婉意味，不致令人有冷落感。

4.“肯定嘛、必须的”

这类人往往信心十足，理智、果断，有足够的说服力，常常能够令人信服。

5.“嗯、这个嘛、啊”

很明显，这是一些用于语言间歇中的词语，常使用这类口头禅的人，往往思维反应较慢。当然，一些说话傲慢者也喜欢使用这种口头语。

6.“可能是吧、或许是吧、大概是吧”

这类人为人谨慎，行事周密，不容易得罪人，因此，人缘不错，但他们一般不会将内心的真实想法告诉别人。

著名心理学家威廉·詹姆斯说过：“播下一个行动，收获一种习惯；播下一种习惯，收获一种性格；播下一种性格，收获一种命运。”“口头禅反映了对某一类情形的反应模式。尤其是带有消极词语的口头禅，对认知和情绪都是一种消极暗示，所以，心理治疗师即使肯定别人，也很少说‘不错’等带有双重否定的词汇。”

那么，从我们自身讲，又该怎样避免口头禅为我们带来的一些负面效应呢？据有关专业人士介绍，有三类对人心理健康不利的口头禅要不得：

第一类，“我不行的”、“我怯场的”，在生活中，尤其是在一些特殊场合，我们常常听到这样的口头禅，表面上看，这只是一两句简简单单的口头禅，但却对我们的心理起到了极强的负面强化作用，会导致我们形成自卑感进而不利于目标的达成，更对我们的心理健康有害。

第二类，摒弃那些能使人产生刻板印象的口头禅。从心理学角度而言，所谓刻板印象，就是人们在社会生活中，随着某些社会经验的积累，会过多地依靠这些经验为人处世、判定他人。这类口头禅很多，如，“帅气的男人一定花心”、“十商九奸！”这些带有刻板印象的口头禅会给人们带来偏见，既不利于人际交往的和谐，也不利于身心的健康。

第三类，则是诸如“凑合着吧”、“没劲透了”、“活着真没意思”这些会传染给他人消极情绪的口头禅。不抛弃这些口头禅，会让你在社会生活中成为不受欢迎的人。

心理启示：

每个人几乎都会有自己常用的口头禅，也许大家没有意识到，这些我们根本没注意到的习惯，已经悄悄地“出卖”了我们。为此，不妨从这个角度来好好分析。

第八章

习惯癖好：发现另外一个真实的自我

生活中，我们每个人都有自己的习惯、爱好甚至是癖好，并且，每个人的爱好都不尽相同，有些人喜欢养宠物，有些人喜欢自说自话，有些人喜欢在晚上戴着墨镜……实际上，在每一个人的嗜好背后，都隐藏着一定的心理秘密，揭开这一秘密，能让我们更全面地了解自己。同时，需要注意的是，对于那些负面、消极的行为习惯和爱好，我们还是应该尽力克制，否则很有可能给我们的生活带来一定的负面影响。

他为什么会自言自语

我们都知道,一些精神病人都有一个症状,就是自言自语,他们有的独自讲话,有的喃喃自语,有的宛若亲友在旁滔滔不绝。因此,当我们发现某个人旁若无人地自言自语时,便认为他在发"神经",认为他是脑退化或者心退化。

实际上,从心理学的角度看,自言自语的情况在正常人中也存在,单纯的自言自语不一定是病态,从某种意义上说,反而有利于身心健康。可以说,自言自语其实是人自我解压的一种方式,也就是说,如果你也有这样的习惯,不要恐慌,这并不是什么精神问题。我们不妨先来看下面一个故事:

琪琪今年15岁了,刚上高中,进入新的环境,和同学们相处得很融洽,学习也很刻苦,新学期的期末考试就要到了,琪琪突然觉得压力很大。同学们经常看见琪琪一个人喃喃自语,吃饭的时候一个人说话,打开水、洗澡、睡觉的时候也都会说,同学们都很害怕,就把这件事告诉了琪琪的父母。

后来,母亲不得不带琪琪去看心理医生,在和医生交流后,医生对琪琪的母亲说:"其实没什么大问题,孩子会自言自语,是她能自我调节的表现,孩子学习压力大,如果闷在心里,倒更容易出事。"听到医生这么说,琪琪和她的母亲都放心了。

生活中，可能有不少人都会和故事中的琪琪一样，偶尔会自言自语，由于自言自语多表现在精神病人身上，所以长期以来，人们总觉得那些自言自语的人都是不正常的，其实，每个人都可能出现自言自语的情况，现代心理学认为，自言自语是一种最健康的解决精神压力的方法，是一种行之有效的精神放松术。

心理学家经过研究认为，自言自语是消除紧张的有效方法，它可以有效地发泄心中的不满、郁闷、愤怒、悲伤等不良情绪，有利于消除紧张，恢复心理平衡。当你忧虑忡忡时，若有机会听听自己的谈话，可能使你拓展思路，变换考虑问题的角度，减少钻牛角尖的机会。

心理学家的研究还总结出，自言自语能使人：

①保持镇静。自言自语的音调有一种使人镇静的作用，有一种安全感和人际交往的效应。调整思绪自我大声对话，可以调整大脑中紊乱的思绪，尤其是在紧张、劳累时。

②缓解矛盾。自言自语有利于澄清问题的是非，缓解矛盾冲突，比较各种解决方法的利弊，避免盲目冲动。

③消除不良情绪。许多不良情绪如焦虑、紧张、忧虑和担心，若能讲出来，压在心中的石头就会被搬掉，从而达到心理平衡。

④改善睡眠。冥思苦想和各种不良情绪可导致和加重睡眠障碍，自言自语可终止思虑，减轻消极情绪，从而达到改善睡眠的目的。

⑤改善社交能力。各种消极情绪会影响人的社交能力，使社交能力受

损，质量下降。自言自语能疏泄不良情绪，使心理保持平衡，进而提高社交能力。总之，自言自语有时是一种健康的解决问题的方法，而不能不加判别地认为都是病态。

总之，正常的自言自语应区别于精神疾病的自言自语。正常的人自言自语是由于思考问题所致，而长期精神压抑或抑郁的人是在精神恍惚的状态下，产生幻觉，在幻听中与实际不存在的人进行言语沟通。

可见，只要不是与幻觉有关的自言自语都是正常的。很好的自我交谈可以有效地发泄心中的不满、郁闷、愤怒及悲伤等不良情绪，有助于消除紧张，恢复心理平衡。当人们思虑忡忡时，若有机会听听自己的谈话，并对自己提一些问题，从一个角度看问题或钻牛角尖的可能性就会减小。

心理启示：

每个人都有多重性格，当人们遇到棘手的问题、内心出现矛盾的时候，各种不同的性格之间就会展开斗争，这也就是人们的思考过程。有些人的斗争是在内心进行的，也有些人会不自觉地说出来，这就是人们所说的自言自语。另外，当一个人专注于某一事情、完全沉浸在对这件事的思考中时，也会不自觉地自言自语。

为什么有那么多购物狂

生活中，想必人们都有这样的感触：只要心情一不好，女人就喜欢逛街；心情好了也会逛街，而只要一逛街，女人们似乎都有用不完的精力……她们真的有那么多的东西要买吗？当然不是！那女人们为什么如此热衷于逛街呢？

的确，在购物心理上，男人和女人是不同的，男人通常买东西都是直奔主题，看中合适的，直接掏钱买东西。而女士逛街则看心情，当她们心情不好时，购物是她们经常选择的发泄方式，而陪女人逛街，对男性来说却是一种巨大的心理折磨。我们先来看下面的故事：

小李是个急性子，但偏偏女朋友喜欢逛街，而且一逛就是好几个小时，最让小李吃不消的是，女朋友好像对商品毫无抵抗力，只要看到喜欢的，不管价格如何都会毫不犹豫地买下。

细心观察后的小李发现，女朋友最喜欢在情绪波动的时候逛街，心情不好的时候，她会用逛街来发泄，心情好的时候，她也会逛街来庆祝。不过小李感到庆幸的是，女朋友很少向自己要钱买东西。

小李现在学聪明了，每次逛街时，他都不进商场，只在门口等，等女朋友出来时再为她提东西。不过小李倒也不孤单。每当他等女朋友，看到门口一圈男人也和他一样时，心中不禁涌出一句白居易的名句“同是天涯沦落人”……

可能很多男人都和小李一样，对自己的爱人如此痴迷于逛街表示不解。购物狂过度购物，内在根源也来自于外在压力。现代社会对女性的要求越来越多，不仅要貌美如花，拥有事业，还不能丢掉贤良温顺、相夫教子的传统美德，因此，职场中有些女性白领面临着很大的生活和工作压力，于是购物就成了她们宣泄压力和负面情绪的通道之一。

一般情况下，多数女人都喜欢购物。逛街无疑也是一种很好的心理宣泄的方式，但也有一类女性，购物往往满载而归，却对自己的“战利品”很少满意，她们常常陷入一种“不买难受，买了后悔”的矛盾中，这类女性常自嘲为购物狂。从心理学的角度分析，购物狂和暴食症、偷窃癖一样，都属于冲动控制疾病范畴。疯狂购物的内在原因来自对商品的病态占有欲。

另外，作为下属没有能力控制自己的工作量，没有办法操控主管给自己带来的压力，或者生活中有很多身不由己的事情，让她们面临着很大的压力。

这种无助感让有些女性内心极其渴望能控制和把握一些东西，购物便很好地契合了她们的这一需求。

专家称：“当人无法控制自己的消费欲望，而是进入一种购物上瘾、强迫自己消费的状态时，这就不仅是一种过度消费了，而是一种病态购物症，在国外被广泛定义为‘强迫性购物行为’，需要及时接受指引和治疗。”那么，如何辨别自己是否是购物狂呢？又该如何防治这种心理疾病呢？

购物狂的典型特征是：见到喜欢的就买，买完了又后悔和自责，然而这种感觉只是转瞬即逝，她又投入了下一轮购物战斗中。

“购物狂”分为缺乏自制力的冲动消费型、由嗜好变成沉溺上瘾的过度消费型、“耳根软”的被动消费型、减低空虚感的逃避消费型、只爱名店的崇尚名牌型、因贪便宜而大量购买的疯狂讲价型六种类型。

如果你是一个购物狂，那么，你需要进行以下心理调整：

(1)减轻压力是“购物狂”需要进行的第一步，只有认清压力的来源，寻找到适合自己的方法，才能从根本上解决这个问题。

当女性发现自己有购物狂的举动时，不妨尝试一下其他比较合理的压力宣泄的方式。宣泄的途径有很多，性格外向的女性可以找个地方高声大叫；性格内向的女性则可以把心中的不快写在纸上，寄给远方的朋友。

(2)行为主义的疗法，给购物狂制订购物计划，尽量少带钱出门。并且对较严重的人群建议与心理咨询师多沟通，可以和咨询师之间制定一个协议，完成一个阶段的协议后再去制定下一个协议。购物者还可以选择结伴出行的方式，让身边的人提醒自己合理消费。

心理启示：

疯狂购物的内在原因来自对商品的病态占有欲，也来自于外在压力。事业的压力，工作的挑战，家庭的拖累，身不由己的种种，让购物成了女性宣泄压力和负面情绪的通道之一。从心理学角度分析，购物狂和暴食症、偷窃癖一样，都属于冲动控制疾病范畴。专家称，“购物狂”其实是一种病态的消费心理,带有强迫症的症状,需要及时接受指引和治疗。

养宠物为什么能获得快乐

相信在日常生活中,我们都会看到这样的场景:清晨或傍晚,在公园或者马路上,一个人牵着一条狗……不得不说,现代社会,养宠物的人越来越多,不仅老人养宠物,年轻人也养宠物,并且,所养宠物的种类也是越来越多。有人养猫,有人养狗,有人养鸟,甚至有些人还会养蛇、蜥蜴,那人们为什么越来越热衷于养宠物呢?

关于为什么养宠物,最通常的说法是"作伴"。国外有研究证实:饲养宠物陪伴孤寡老人,他们的身体状况会较为良好,寿命也会得到延长。而在我国,父母工作繁忙,没法经常陪伴孩子的家庭也会考虑饲养宠物陪伴孩子。

清清从大学毕业后,就离开湖南老家去了北京,成为北漂一族,她之所以去北京,原因只有一个——男朋友在北京。然而,不到三个月,她就发现男朋友有了新欢,于是,她很干脆地说了分手。

然而,在没有一个朋友的北京,失恋的她好像失去了生活的重心,她不知道该何去何从。一次,她浏览网页时,无意间看到有人因为出国要出送自己的小狗,这引起了清清的兴趣。最后,清清很顺利地得到了这只小狗,它的名字叫果果。

虽然照看果果有点琐碎，但清清很开心，每天早上，在洗漱完之后，她都会给果果洗个澡，吹吹毛，喂它吃个早餐，然后带它去楼下散散步，回来刚好七点，然后她再去上班。

果果是只很可爱的小狗，它不会在家里随地大小便。清清不在家的时候，它会安静地躺在沙发旁；晚上，清清一回家，它就很高兴地跑过去，然后黏着清清不放。

现在清清常对周围的新朋友说，那段时间真是幸亏有果果在，不然她真不知道怎样熬过那最煎熬的失恋岁月。

从清清的经历中，我们发现，养宠物确实会让人感到身心愉快，在照料宠物的过程中，我们的心情也能得到舒缓，同时，宠物都是很好的听众，我们不必担心它们会泄露我们的秘密。的确，有时候与宠物交流获得的乐趣和满足，是人与人之间的交流也未必能得到的。

当然，除此之外，养宠物者还有几种心理：自恋型，理想化照料者、排遣压抑的情感。

自恋型，就是养什么像什么，或者是一个人部分人性的反映。人通常都有自恋的行为，也需要有自恋的心理，养宠物，是一种很好的又不自知的自恋行为。

理想化照料者，这种人有很多，例如，很多小孩都有这样一个阶段，他把宠物看成了自己，而他自己则充当一个照料者，其实，他怎么照料宠物，内心就渴望别人怎么照顾他。有一些人，则是童年时期的一个未了愿望，例如，以前家庭子女比较多,父母能够给每个孩子的关注并不多,但孩子本身是有欲望与渴望的,在他的心里都有一个理想妈妈的原型,当有机会时,她便会充当这个理想妈妈,去照料宠物,作为一种补偿。

排遣压抑的情感,是养宠物的另一种心理。人都有多面性,平常表现出来的不一定是他最真实的一面。这个时候就会产生一种压抑。压抑需要排解,养可以表达自己内心欲望的宠物,也是一种排解。所以会看到,一个斯斯文文的女孩,却养了一条凶猛的大狗。

当然,养不同的宠物者的心理也是不同的。

鱼类也是人们饲养宠物中比较多的一种,与其他动物的生存环境不同,鱼缸有多大,鱼的世界就有多大。喜欢养鱼的人,不难发现他们更向往自由自在的生活,崇尚大自然,拒绝受到束缚,需要极广阔的自由空间。

鸟是又一种被古代中国人普遍豢养的宠物。由于它的羽毛华丽、体姿优美和鸣声悠扬动听,历来被人们钟情并宠爱。养鸟的人,基本上都有双重性格,一面渴望飞翔,渴望自由,另一面又害怕失去现实的生活。所以和他们打交道时要特别注意,千万不要被他们的双重性格弄得一头雾水。而且养鸟的人较为孤僻,不善于交际。

养另类宠物往往代表自己的一种愿望,这种愿望是独特的,很引人注目,但很多时候那种独特感、优越感,恰恰反映出其内心的懦弱与无助。例如,喜欢喂养蜥蜴的人,智商往往较高,但情商却偏低。所以,这类人比较敏感警觉,不善于与别人交往,对别人的议论也抱着不在乎的态度,所以他们没有太多的知心朋友。

养宠物不是坏事,但一定不要把生活的重心全部放在宠物上,要多发掘一点兴趣爱好,发现世界的精彩,并不是只有宠物才可以愉悦生活。

心理启示:

从心理学上说,养宠物有着诸多的积极意义。不管是出于什么心理养宠物,都有着积极的意义,如自恋、理想化照料者和排遣压抑的情感。养宠物,分普遍心理和独特心理,绝大部分人都是普遍心理,不过,如果对宠物特别关注,就折射出养宠物的人的心理状况,太过了,就是心理不健康的一种外在表现。

下篇：社交微动作解析

第九章

日常生活中的小动作解析

在日常生活中，我们身边的每个人，都会有一些习惯性动作，例如，有的人喜欢选择靠窗的座位坐下，有的人喜欢把发票揉成团，也有一些人似乎总是离不开手机……这些看似不经意的小动作，其实都是一个人内心活动的显现，从这些小动作入手，也许能帮助你或者身边的人做个更全面的心理健康评估。

手机依赖症，你有吗

很久以前，生物学家为了研究刺猬的生活习性，做了一个实验：

寒冬腊月，生物学家将十几只刺猬放到了屋外，寒冷的刺猬们为了能取暖，只好抱在一起，但是它们浑身长满刺，只要它们一靠拢，就会被对方身上的刺扎到，进而不得不分开。

天气实在是很冷，它们冻得受不了，于是又靠在了一起，但又会被刺到，它们不得不再度分开。周而复始，它们不断重复这样的过程，不断地在受冻与受刺之间挣扎。最后，聪明的刺猬终于找到一个方法，就是保持适中的距离，这样既可以相互取暖，又不至于被彼此刺伤。

这就是心理学上的“刺猬法则”。仔细想一想，确实如此：如果人和人靠得太近，可能会相互讨厌；如果离得太远，又会感到寂寞。现代人和刺猬一样，也会掌握不好彼此之间的距离。

对身陷这种困境而烦恼不已的人来说，手机就成为与别人保持适当交往距离的唯一工具。因此，人们会非常留意自己的手机是否有来电或者短信，而即便是在工作中或繁忙时，他们也会频繁地检查手机。

生活中的你，现在不妨来问问自己：睡觉前在床上会做什么？是窝在被窝里刷微博，还是瞅两眼流行的视频，或是在手机上发微信？在一个个不眠之夜，越来越多的人在临睡前拿起了手机做这些事情。

可以说，对大部分现代人来说，只要离开了手机，他们就会陷入不安。

当然，对任何人来说，没有手机都会觉得不方便，只是严重程度有轻有重而已。有的人身边没有手机，就会坐立不安，甚至感觉自己被全世界遗忘了，这就有点过了。

这样的人患了“手机依赖症”，曾有媒体就“手机依赖症”这个问题报道了一条有趣的新闻：“一个周末，一个家庭来到一家餐厅就餐，饭桌上，老人想和孙子孙女们聊聊天，但孩子们却只顾玩自己的手机，老人受到冷落后，一怒之下摔了盘子离席。”有网友开玩笑说：“世界上最遥远的距离莫过于我们坐在一起，你却在玩手机。”

实际上，这样的人一般不善于和人面对面地交往，为了消除人际交往中的不安，他们便对手机产生了依赖。只要和别人交换了电话号码，以后就只会靠电话联系，要么打电话，要么发短信。时间一长，也许连对方长什么样都忘记了。只要能经常看到对方的短信，就觉得他是自己的好朋友，于是就安心了。

有心理学家和社会学专家指出，如果一味地依赖手机，深受手机影响，会给我们很多人的心理和社交带来严重影响。“朋友们在一起，全都低头不语，手机成了精神寄托。人和人之间的关系就这样疏远了，自己在无形之中建造了一座心墙，这座无形的心墙，往往会成为我们前进的最大障碍。”

因此，如果你是一个依赖手机的人，你最好做出改变，比如：

1. 试着离开手机

总是把玩手机其实是一种生活习惯，要改变这种不健康的生活状态，我们应该从小事改变，不妨尝试着把手机交给朋友、家人保管一两天，去感受一下和朋友聊天的快乐，也去商店看看，要知道，讨价还价也是购物的一种乐趣。刚开始，也许你会感到不习惯，但只要你坚持下来，就会发现，不再一味地依赖手机，也是一种快乐。只要你肯迈出第一步，剩下的99步就不再是难以攻克的障碍。

2. 打开自己的社交圈

俗话说："在家靠父母，出门靠朋友。"拥有良好的人际关系可谓是百利而无一害。经常玩手机的你有没有觉得很孤单？遇到了问题是不是没有人可以倾诉？真诚的朋友会带走你世间的一切烦恼。既然世界上存在这样一种"烦恼清除器"，你为何不留下它呢？

3. 积极参加一些体育锻炼

运动不仅可以提高身体的抵抗力、增加血液循环、调节心率，还能够放松心情、缓解压力、补充精力。当你体会到运动带给你的愉悦之后，这种规律、健康的生活方式就一定会打动你。

4. 多进行一些户外活动

清新的空气和明媚的阳光是最好的"心情净化剂"，定期出去参加一些爬山活动或旅行是不错的选择。

可见，"手机依赖症"严格意义上说是一种心理疾病，这种症状多见于比较孤僻、自卑、相对缺乏自信的人中。玩手机看上去会让你觉得很惬意，但内心的凄楚和悲凉是包不住的。正常的生活不应该是封闭的,而应该和朋友一起分享,该活动的时候活动,该放纵的时候就放纵。人毕竟是具有社会性的成员,脱离了人群,我们不会生活得很美好。

心理启示:

人是具有社会性的群体,人的一切活动和生活都离不开社会交往和交际互动,太过依赖手机,长期远离与现实社会的接触,不但会使我们的社会性退化,也会在心理上产生趋于退缩和自我保护的心理意识,从而催生出性格上的缺陷,譬如过分的自卑或自傲、交际能力退化等。

经常把小票或发票揉成团

生活中,我们可能经常会看到这样的现象:在超市或商场的收银台,一些人会把结账后的小票或者发票使劲儿揉成团或者撕成碎片。心理学家称,一般来说,这类人的精神压力比较大,小票或发票就是他们发泄的对象。

我们在日常工作和生活中难免会遇到一些不顺心的事情,不快的情绪如果没有及时得到排解,就会有害身心健康。而且,假如我们一遇上不顺心的事情,就将自己不快的情绪发泄到家人或朋友身上,又会伤害到身边最亲近的人,甚至影响家庭或同事间的和睦关系。因此,大多数人都会寻找情绪的宣泄方法,其中,就包括把发票或者小票揉成团,当然,这是他们无意识的行为。这样的方式似乎能让他们的情绪平静一些。这些借助其他方式来发泄情绪的行为,心理学称为“转移行为”。

把情绪发泄到小纸片上,虽然不能从根本上解决问题,甚至也不能给人带来多大的快感,但很多人就是忍不住要这么做。

可见,找到适当的方式确实有助于消解精神压力。

转移行为的具体形式因人而异,而且即使是同一个人,在不同情况下使用的发泄方式也不同。例如,看电影时,我们会看到一些夫妻,吵架后会把盘子、杯子摔得粉碎,这就是转移行为的一种。因为发泄情绪的对象是完全没有关系的事物,所以也可以说是一种乱发泄。

的确,每个人都会产生不良情绪,这很正常,我们不要把这些情绪压抑在心中,因为一味地压抑心中不快,只能暂时地解决问题,负面情绪并不会消失,久而久之,就可能填满我们的内心世界,使我们的身心越来越疲惫。因此, 除了自我调节和消化,我们还应该给不良情绪找个宣泄的出口,让它尽快释放出来,正所谓“堵不如疏”,将负面情绪减小到最低程度。

不过,如果能在了解自身精神压力原因的基础上,通过转移行为很好地发泄负面情绪,这样的转移行为就是一种健全的精神压力消解法。我们先来看下面的故事:

美国金融公司经理伍德亨先生能够取得辉煌的成就,得益于他年轻时养成的一种调整情绪的习惯。那时,他还只是一个公司里的小职员,受到同事们的轻视。

一次，他忍无可忍，决定离开公司。临行前，他用红墨水把公司里每一个人的缺点都写在纸上，将他们骂得体无完肤。骂完后，他的怒气逐渐消去，然后决定继续留在公司。从那次以后，每当心中愤怒的时候，他总是把满腹牢骚用红墨水写在纸上，立刻感觉轻松不少，好像一个被放了气的皮球。这些纸条一直被他隐藏起来，从不拿给别人看。后来，同事们知道他的这种宣泄怒气的方法后，都觉得他极有涵养。上司知道后，也对他青睐有加。

坏情绪是影响人际关系的"无形杀手"，然而，我们却无一例外地受着七情六欲的影响和支配，被各种情绪所困扰。因此，我们要学会释放，通过其他行为，转移自己的注意力，逐渐淡化情绪。

每个人都会对身边的事情产生一些负面情绪，但自控能力强的人擅于以正确的方式排解心中的不快，而不是将坏情绪传染给身边的人，让他们成为我们情绪发泄的对象，面对不良情绪，我们可以通过开展视野的方法，把它放走。

那么，我们该如何修炼自己平和的心性，避免情绪化呢？发泄自己的不良情绪，有很多方法：

第一，倾诉法。当你心情不好时，可以找自己最信任的朋友倾诉，但你最好找那些比较冷静、理智的朋友，因为他们能给你提供一些疏导情绪的意见。

第二，摔打安全的器物。如枕头、皮球、沙包等，狠狠地摔打，你会发现当你精疲力竭时，内心是多么畅快。

第三，高歌法。唱歌尤其是高歌除了能愉悦身心，还是宣泄紧张和排解不良情绪的有效手段。

第四，环境调节法。心情不好或感到压力大、闷闷不乐时，可以走出办公室，走出家，去大自然中呼吸新鲜的空气，我们的心绪往往能很快得到舒缓。如果有条件，还可以进行短期旅游，从而彻底放松自我。

第五，注意力转移法。当出现不良情绪时，可以将注意力放到其他事情上去，做自己喜欢做的事，例如，打球、上网、跑步等，从而将心中的苦闷、烦恼、愤怒、忧愁、焦虑等不良情绪宣泄出来。

心理学家认为，“在发生情绪反应时，大脑中有一个较强的兴奋灶，此时，如果另外建立一个或几个新的兴奋灶，便可抵消或冲淡原来的优势中心。”当我们因为某件不顺心的事情烦躁、暴怒的时候，可以有意识地做点别的事情来分散注意力，缓解情绪。

心理启示：

在日常生活中经常难以自制地做出转移行为的人，多属于性格敏感型。他们容易积压精神压力，也容易忧虑。一个成熟的人应该有很强的情绪控制能力。无论遇到什么事情，哪怕是违背自己本意的事情，都得控制自己的情绪，不能有过激的言行。唯有如此，才能成就大事，达到自己的目标。

异常陶醉于照镜子的人

日常生活中，相信每个人都有照镜子的习惯，出门前照照镜子，确保自己的仪容整洁，能让人增添信心。但也有一些比较注重自己外表的人，即便是咖啡厅卫生间的镜子、街头的橱窗、地铁车厢的玻璃，也能成为他们的镜子，当他们不经意间从这些地方经过时，只要自己的身影进入视线之内，就会不自觉地多看两眼，以检查自己的仪容仪表，这是一种很自然的行为，任何人都会这么做。

看到自己衣冠不整、头发乱了，就会整理好，而且还会对着镜子调整自己的表情。可以说，这是为了给别人留下好印象而做的，是一种必要的社会行为。另外，通过检查仪容仪表，可以确认自己的存在感，这样才会安下心来做事情。

但是，照镜子也是有限度的，如果一个人把照镜子当成了生活中必不可少的部分，时刻离不开镜子，那么，他就很有自恋的倾向，可能你也发现，在商场的卫生间中，我们常能见到一些“爱美”的女士像占领地盘一样长时间站在镜子前，整理自己的头发或者补妆。有时，甚至能发现有的女士只是在那里摆弄姿势和自我陶醉，她们这么做，给后面的人造成了相当大的困扰。

对这样的人，周围的人肯定会小声议论，认为她很“自恋”。那么，什么是自恋呢？

“自恋”一词源自希腊神话中的人物 Narcissus。Narcussus 是一位因痴迷于自己的容貌最终溺死的青年。故事是这样的：Narcissus 是一个长相十分清秀的美少年，他对任何姑娘都不动心，只对水中自己的倒影爱慕不已，最终在顾影自怜中抑郁死去。Narcissus 死后化作水仙花，依然留在水边守望着自己的影子。

过分注意自己形象的人，会像 Narcissus 一样，变得自我陶醉和自恋。

一个人如果有自恋倾向，除了会不断地照镜子，还有其他一些表现，突出标志是自我标准和自我关注，他们把关注的焦点投射到狭隘的自我身上，并且用自己认定的固定不变的标准来要求周围的人和事。当周围的人和事符合他们的主观标准时，他们就表现出高兴或满足；而当周围的人或事不符合他们的主观标准时，他们就表现出抑制、愤怒、焦虑等不良情绪状态。

心理学家称，自恋是人们心灵发展过程中残留的儿童成分，不仅会严重阻挠人格的健康发展，而且还被一些心理治疗大师认定为是一切心理疾病的总根源。美国当代最有影响的心理治疗大师斯科特·派克说过，漫无节制的自恋是心理与心灵疾病的主要前兆，自恋表面上表现为一种过度的自我关注。

那么，一个人如何摆脱自恋呢？

专家建议，放弃单一的自我标准，学会从别人的角度看问题，扩大自己的兴趣范围，拓展自己的心灵空间，走出小小的自我，走向更大的社会。具

体来说,你需要经历两步:

第一步,解除以自我为中心的人生观。

自恋型人格的最主要特征是以自我为中心,而人生中以自我为中心的心理最为强烈的阶段是婴儿时期。要治疗自恋型人格,必须了解婴儿化的行为。请一位和自己亲近的人作为监督者,一旦出现强烈的自我中心主义的行为,便给予警告和提示,督促自己及时改正。通过这些努力,自我中心观是会逐渐消除的。

第二步,学会爱他人。

对于自恋型人格障碍的人来说,仅仅抛弃自我中心的观念是不够的,还必须学会去爱他人,唯有如此才能真正体会到放弃自我中心观是一种明智的选择,因为任何人要获得他人的爱,首先必须付出自己的爱。而自恋型人格障碍者的爱就像是幼儿的爱,不成熟的爱,因此,要努力加以改正。只要在生活中多一份对他人的爱心,自恋的症状便会自然减轻。

心理启示:

自恋的人对自己的形象非常敏感,也非常在意周围的人对自己的评价,还常伴有自卑感。另外,过度沉溺于镜子中的自己,也是逃避现实的一种表现。判断是否自恋的一个标准,是看其照镜子是为了检查仪容仪表,还是陶醉于镜中的自己。

一边打电话一边信手涂鸦

你有没有这样的感触：这天上午，你正在办公，对面办公桌上的电话响了，同事拿起电话，然后和客户交谈起来，大概过了几分钟，你发现，同事拿起了笔，然后在纸上随便涂画起来，但你发现，他并不是在记什么重要的内容，只是信手涂鸦而已。他为什么要这么做?

这种无意识消除紧张或不安的举动，心理学称为“代偿行为”。代偿行为亦称“补偿行为”，当一个人不能采取特定的行为满足需要而用其他行为满足需要时，这种行为就是代偿行为。

它大体可以分为：

(1)关于对象的代偿。

(2)关于手段的代偿。

所谓对象的代偿，就是目标A用目标B来代替，如对音乐的热衷因为得不到栽培而用美术活动来代替；手段代偿，就是手段A用比较容易的手段B来代替，如一个学生会故意采取一些古怪的方法吸引老师的注意力。当然，大多数时候，这两种代偿是交叉使用的，并没有明确的界限。

代偿行为在多大程度上对原来的需要起了代偿的作用，叫代偿价。代偿价受需要的种类、强度、复杂度以及原来的目标与代偿目标的类似程度等许多因素决定。代偿行为有时也以空想的、言语的形式表现出来，有时通过习惯化可以代替原来的目标从而对原来目标的兴趣减退。

除了上述所说的涂鸦，人们还可能一边打电话，一边反复地把桌子上的东西从左边移到右边，再从右边移回左边，甚至干脆开始整理自己的桌子。其实，这些行为的背后都隐藏着同一种心理状态。

例如，打电话时，对方因为愤怒而不停地向我们咆哮，我们恨不得马上把电话挂断，但有时又不能这么做。于是便会产生精神压力。为了减轻自己的精神压力，我们的手会无意识地动起来，以便给大脑一些刺激。不过，和好朋友打电话聊得非常高兴时，基本上不会出现代偿行为。这也可以从一个侧面证明，代偿行为的目的就是为了缓解精神紧张。我们再来看下面的故事：

老杨和老马读研究生时是同学，毕业后又到同一家研究所工作，两人的关系不错。

从开始工作，老杨就勤勤恳恳，为人正直，工作上进，但尽管如此，获得尊敬的他却一直没有如愿评上工程师的职称。

刚开始，单位的理由是需要工作年限，但等到年限够了，新的条件又出来了，如什么要过专业英语多少级之类。老杨的性格一下子变了。他的脾气也不是和和气气的了，因为一件小事就可能跟人吵起来，无论是他周围的同事，还是家里去的妻子女儿，都成为他发泄的对象。

而老马就不这么想，虽然没被评上职称，但他却比老杨乐观洒脱得多。

老马说:“一开始我也很苦恼,可是仔细想想,事已至此,何必苦恼,要是发牢骚,家里家外都搞得好紧张。我从来没有不相信自己,我现在开始自费学习英语了,要是以后评不上了,我就去搞民办科技实体。最近我还在撰写一部丛书。这使我有更多的话题去交更多的朋友。这时再看,那些先评上工程师的人,有的却已泄了劲,没有了压力,生活得并不比我更愉快。”

同样一件事,老杨和老马两个人的态度完全不同,这除了由于他们彼此有不同的性格、志趣等因素外,还与他们处理障碍的态度有关。老杨只有一个寄托——评职称,而且是始终不可变更的。这就将他限制在一个很小的范围,整日为此担心发愁,错过了其他很多可能的机会。他这样做,等于是把自己喜怒哀乐的决定权交给了别人。而老马却有很多寄托——评职称、学习英语、参加朋友聚会等。职称评不上,他还可以有其他的东西作为代偿。别人决定的事听凭自然,而他则去做自己可以决定的事,去寻找自己的快乐,并向未来投资,使自己将来的发展道路更宽。

除了打电话时信手涂鸦,我们还需要注意,在约会时你的对象的手部动作。在冷饮店,反复摆弄吸管;在咖啡厅,没完没了地用勺子搅拌咖啡;在饭店,把一次性筷子的包装袋折得很小……这些都是属于代偿行为。如果你的约会对象出现了类似行为,那你可要注意了。

约会时,如果发现对方出现了代偿行为,说明他(她)感到很无聊,对这个约会不怎么感兴趣。不过,对方并没有清楚地意识到自己内心的无聊感,做出的代偿行为也是无意识的。如果我们不想办法吸引对方的注意力,他们的代偿行为将会一直持续下去。在这种情况下,如果通过改变话题还不能吸引对方的话，就要想方设法引导他（她）说话，或者干脆换个地方约会。

心理启示：

当一种愿望无法得到满足时，人就具有用其他愿望来代替，并转向其他活动的倾向。当遇到难以逾越的障碍时，往往会放弃最初的目标，通过达到实现类似目标的办法，谋求愿望的满足。这种做法叫作代偿行为。

看到别人排队也想加入

现代社会，我们都强调要创新，任何重大成果的发现，都离不开创新意识的发挥。任何一个人，只有敢于突破，敢于创新，才能有所成就，而如果你是一个有从众心理的人，什么都想着和大家一样，那么，你只能一事无成。

事实上，在我们生活的周围，总是有不少人踩着别人的脚步前进，因为他们觉得只有和大家一样，才会觉得安心。

可能你也会发现，在某个街角，如果一家拉面店或者冰激凌店很火，那么，每天都会排起长龙。为了吃一碗拉面，人为什么会花一两个小时排队等候呢？

只因为拉面非常好吃？或者对拉面店怀有好奇心？其实，众多人排队的原因并没有这么简单，这是心理学上一种“同调行为”的具体体现。在人的心里，都想和多数派保持步调一致。

我们再来看下面一个故事：

一个石油大亨到天堂去参加会议，一进会议室发现里面已经座无虚席，于是他灵机一动，喊了一声："地狱里发现石油了！"这一喊不要紧，天堂里的石油大亨们纷纷向地狱跑去，很快，天堂里就只剩下他了。但这时，这位大亨心想，大家都跑了过去，莫非地狱里真的发现石油了？于是，他也急匆匆地向地狱跑去。

人都有一种"从众"心理，这种心理很容易导致盲从，而盲从往往会陷入骗局或遭到失败。排队也是同样的道理，当看到那么多人都在排队，自己也不想落单，便和大家采取同样的行动，这样才会感到安心。

法国心理学家约翰·法伯曾经做过一个著名的实验，他把许多毛毛虫放在一个花盆的边缘上，使其首尾相接，围成一圈。在离花盆周围不远的地方，他撒了一些毛毛虫喜欢吃的松叶。毛毛虫开始一个跟着一个，绕着花盆的边缘一圈一圈地走，一小时过去了，一天过去了，又一天过去了，这些毛毛虫还是夜以继日地绕着花盆的边缘转圈，一连走了七天七夜，它们最终因为饥饿和精疲力竭而相继死去。其实，如果有一个毛毛虫能够破除尾随的习惯而转向去觅食，就完全可以避免悲剧的发生。后来，科学家把这种喜欢跟着前面的路线走的习惯称为"跟随者"的习惯，把因跟随而导致失败的现象称为"毛毛虫效应"。

"毛毛虫效应"与"同调行为"有异曲同工之效。看到很多人排队，能刺激大脑内一种名为"多巴胺"的激素分泌，这种物质觉具有让人兴奋的作用。喜欢排队的人，只要一看到队伍，脑内就开始分泌多巴胺，于是就不自觉地加入队伍中去了。有的商家利用了人们的这种心理,在开业时会专门找一些“托儿”来排队。

另外,还有一个不可思议的现象,就是在排队的人中,竟然有不知自己为何而排的人。如果问他们:“你知道你排队等候的饭店是做什么菜的吗?”对方会回答:“不知道。”而且,队伍越长越能激发人们排队的欲望。排队的长龙好像在说:“快来吧!前面有好东西。”让人对前面的东西产生强烈的期待。

事实上,盲目地跟随他人不一定有好结果,我们的生活需要创造力。创造力是指产生新思想,发现和创造新事物的能力。身处竞争激烈的现代社会,我们应当具有锐意变革的精神,这样才能始终使自己处于竞争中的有利地位。对此,我们首先要做到的就是破除自己的从众心理,学会独立思考。

那么,生活中的人们,该如何破除自己的从众心理呢?为此,你需要做到:

1.敢于坚信自己

创新能否最终获得成功,能不能相信自己很重要,有自信,相信自己正确,你就敢走自己的路,就能不怕失误、不怕失败,在大多数情况下,不敢自信走“小路”的人,通常也很难成为创新型人才。

2.敢于打破各种定见和共识

要想成为一个有创造力的人,你需要:

第一,不要迷信权威。第二,不要太依赖他人,学会独立思考;第三,摒弃观念思维、经验主义等主观定式,不要给自己上思维枷锁,不仅需要敢于挑战书本上的权威,也需要敢于自我否定。

3. 敢于否定他人

独立思考是否定他人、提出不同意见的前提，反过来，做到了后者，你便也会逐渐学会独立思考。

4. 独立面对各种难题

正如一位名人所说："所谓成长，就是去接受任何在生命中发生的状况。即使是不幸的、不好的，也要去面对它，解决它，使伤害减至最低。所谓的成长，所谓的智能，所谓的成熟，都不过如此。"这样的人才能独当一面，成为一个自立自强的人。

心理启示：

一个有从众心理的人是很容易人云亦云的，这种心理足以磨掉一个人前进的雄心和勇气，足以阻止你用自己的努力去换取成功的快乐。它还会让我们跟随他人的脚步，而只能停在别人的身后，以致一生都碌碌无为。因此，如果想获得成功，那么，从现在起，无论遇到什么，都要学会独立思考，别再人云亦云。

第十章

撒谎时的微动作你发现了吗

人们交往的时候,很多情况下,嘴里所说的话和身体语言所表达出来的意思是不相符的,人的嘴巴可能会说谎,但是身体却永远不会说谎。学会解读他人的微动作和身体语言,能帮我们把握对方的心理变化,了解对方在想什么,这样才能明白如何去顺应对方的心理从而做出相应的对策。

撒谎时眼神的典型特征

人们常说:“眼为心神”,的确,在人的很多下意识行为中,眼神是无法掩饰的。人人都会说谎,但世界上没有不能被看穿的谎言。日常生活中,与人打交道,如果我们希望探测出对方的内心世界,有助于采取进一步的计划,我们便可以从眼神入手,抓住对方的眼神特征,这样便能判断出对方话语的真伪。

有一对张姓夫妇,已经结婚十年,早过了“七年之痒”之期,张先生是个体贴的男人,每年的结婚纪念日,他都会为妻子买一份礼物。但就在他们结婚的第十一个年头,张太太明显发现张先生不大对劲,他加班的时间多了,出差的次数也多了,凭女人的直觉,张太太心里很清楚,丈夫可能有外遇了。于是,她决定试探一番。

这天,张先生还是和往常一样,夜里十二点才回来,张太太也和往常一样为酒醉的丈夫换衣梳洗。她一面照顾先生,一面假装不经意地与先生聊天。

“你今天是和老王一起喝酒的,什么事这么开心啊?”张太太故意问。

“是啊,老王升职了,他这么客气,非要请大家喝酒啊。”即使在半醉的状态下，张先生还是很善于撒谎。

“是吗？可是我晚上八点多去逛超市的时候，明明看见老王和大姐也在呢。”张太太故意试探性地问。

“你不说我还忘跟你说了，老王的姐姐今天晚上刚好从国外回来了，这不得好好招待她，老王喝到半道儿就走了啊。”张先生说完这一番话后，深深地吸了一口气，而这一切，都被张太太看在了眼里。

“可是我今天晚上并没有看见老王，我逗你玩呢。”张太太说。

“你、你、你……”张先生急了，他知道，这下子不得不跟妻子“招供”了。

故事中的张太太是聪明的，她发现丈夫不停地眨眼，而且不敢直视自己，这是撒谎的表现，于是，接下来，她设下圈套，让丈夫往里面跳，然后通过反复问一些突然的问题来查看丈夫的应变能力，当然，张先生也是聪明的，但他“聪明反被聪明误”，最后还是不得不承认自己撒了谎。

有关专家进行了进一步的研究，他们将被测者分为两组：第一组人自由活动 10 分钟，活动内容尽量简单，从而使这 10 分钟不会做出任何需要说谎掩盖的事；第二组人被告知一会儿提问的试题和答案放在哪儿，以便他们测试时可以用到。之后研究人员让被测者在回答问题时戴上特制的可以测试眨眼频率的仪器。

实验结果发现，说真话的人，眨眼频率会比一般情况微微高一些，这是因为他们怕回答不好问题而产生了焦虑情绪（显然从语气中也可以听出他们有焦虑情绪）；而对于说谎者，他们的眨眼频率变化非常明显，先是稍微下降，反映出被测者在思考如果被问到，该如何不留痕迹地撒谎，所以他们自我安慰要保持冷静,后来在正式说谎后他们眨眼的频率大幅上升,此时眨眼行为是不受大脑控制的下意识行为,而谎言也暴露无遗。

当然,我们还需要注意的是,无论什么情况,如果一个人总爱“挤眉弄眼”,则要看他是否有“抽动症”等疾病了,最好到相关医院检查一下。

可见,从眼睛看一个人是否撒谎,准确率会高很多。除了眨眼,说谎者在眼神上还会有以下特征:

说谎者从不看你的眼睛:有些人知道这句话,所以高明的说谎者会加倍专注地盯着你的眼睛,瞳孔膨胀。每个人都记得小时候妈妈的批评,“你肯定又撒谎了——我知道,因为你不敢看我的眼睛。”这教会你从很小起就知道说谎者不敢看对方的眼睛,所以人们学会了反其道而行之以避免被发觉。实际上,说谎者看你的时候,因注意力太集中,他们的眼球开始干燥,会让他们更多地眨眼,这是个明显的信号。

另外一个准确的测试是直接盯着某人眼睛的转动,人的眼球转动表明他们的大脑在工作。大部分人,当大脑正在“建筑”一个声音或图像时(换句话说,如果他们在撒谎),他们眼球的运动方向是右上方。如果人们在试图记起确实发生的事情,则会向左上方看。这种“眼动”是一种反射动作,除非受过严格训练,否则是假装不出来的。

通过以上方法,可以在一定程度上了解对方的内心。“盘问”丈夫或男朋友的行踪时,对方回答:“去和客户打高尔夫球了。”此时,如果他的眼球向左上方看,说明他脑海中浮现出昨天的情景,并没有撒谎。相反,如果他的眼球向右上方看,则说明他开始想象从未出现过的场景,可以由此判断他撒了谎。

心理启示：

通过观察眼睛，可以判断出一个人是否在说谎。因为一般情况下，人在感到内疚或做了亏心事时，总是试图回避对方的视线。所以，当一个人的眼神游离不定时，可能是在隐瞒什么。不过，也不能就此断定目不转睛地注视着对方就是在说真话。相反，正因为大家都知道避开视线有说谎的嫌疑，有些人为了不被看穿反而大胆看着对方说话。

撒谎的人喜欢摸鼻子

人的鼻子有没有身体语言，学者们的看法不一，有人说有，有人说没有。在人的五官中，鼻子和耳朵是最缺乏活动的部位。因此，很难从观察静态的鼻子读出对方的心理。但实际上鼻子也有自己的“语言”，美国芝加哥的嗅觉与味觉治疗和研究基金会的科学家们发现，当人们撒谎的时候，一种名为“儿茶酚胺”的化学物质就会被释放出来，从而引起鼻腔内部的细胞肿胀。科学家还通过可以显示身体内部血液流量的特殊成像仪器，揭示出血压也会因为撒谎而上升。也就是说，一般情况下，那些喜欢撒谎的人都喜欢摸鼻子。我们先来看下面的故事：

小张是刚到公司的新员工，但他似乎有点小偷小摸的坏毛病。

这天，大家下班后，小张还想在办公室上一会儿网。正巧，他看见了主任办公室的门还开着，好奇心使他悄悄地进去看了一下。巧的是，办公桌的抽屉也没有上锁，里面放着厚厚的一沓钱。面对金钱的诱惑，小张还是没能抵挡得住，于是，他顺手牵羊，拿走了几张百元大钞。并且，他很有信心地认为，没有人会发现。

但实际情况却并不是如此，第二天一大早，主任就在办公室嚷嚷起来了："你们谁偷了我办公室的钱？办公室怎么还有这样偷偷摸摸的人啊……"但没有一个人承认，其实，主任也听说小王的手脚不大干净，但没有证据，也不能说明什么。这时候，主任的秘书小王想出了一个招儿，能看出钱到底是不是小张偷的。

下班后，小王看见小张要离开公司，便赶紧追上去问："今天下班去干什么呀？不回家陪女朋友？"小王故意试探性地问。

"她在老家呢，不需要我陪。"小王分明看见，小张在说这句话的时候，下意识地摸了一下自己的鼻子，他明白，这是一个人在心虚时常会做的动作，恐怕小偷就是小张，于是，接下来，他试探道：

"哦，对了，刘主任的钱被偷了，你知道吧，也不知道是谁干的，每个人好像都有不在场的证据，我昨天和刘主任一起出的门，周大姐也说跟你一起下的班，真不知道是谁干的。"小王在说这些话的时候，偷偷看了一下小张的反应，果然，小张很慌张地接过话茬："是啊，周大姐还跟我一起去喝了杯东西呢。"

"嗯,周大姐也说是你请他喝了一杯柠檬水呢……"小王和小张就这么聊着一起离开了公司。

后来,快分开的时候,小王突然问:"小张,昨天你和周大姐喝的什么呀?"

"苹果汁啊,我最爱这个了。"小张随口一答,说完,他才知道自己说错了。

秘书小王让偷钱人小张不打自招的秘诀在于:他先试探小张,发现他摸了自己的鼻子,这是撒谎时会做出的下意识动作。于是,接下来,他再编造出了周大姐这个中间人,故意为小张制造出一个不在场的证据,而当小张对自己放松警惕时,他再问这个问题时,小张却回答错了。最终,小张也只好承认了偷钱的事实。

西班牙研究者发现,人说谎时脸部会变红,鼻子会发热,甚至还会有一点膨胀。说谎者会觉得鼻子不舒服,不经意地触摸它。此外,说谎者的回答还会变得简短,伴有摆弄手指、下意识地抚摸身体某一部位等细微动作。

下面是一个妻子看完美剧《别对我撒谎》后的描述:

这是我看过的最有意思的一部美剧,在看完它之后,我开始用电视剧里提到的各种方法分析我老公说话时的动作和语气等,以此来探知他是否在对我撒谎。我记得上周五傍晚,他打电话回家说要加班,我听出来他说话的语气不对劲,分明是在撒谎,闪烁其词。可是,我装作不知道,我看看他有什么可隐瞒的。

于是,我准备给他来个突然袭击,便到他单位楼下等他,他出来后,我就继续跟踪他，我发现他原来是跟他的那些酒肉朋友去聚会了，他瞒着我，大概是知道我不喜欢那些人吧。晚上他回到家，我假装什么都不知道，拉过他的手问他："今天是不是很辛苦？工作完成了吗？"他摸了摸自己的鼻子，说："我努力工作都是为了让你过上更好的生活，不辛苦。"

这位女士是大度的，对丈夫的一些无伤大雅的谎言并不在意。的确，如果我们都能检讨一下对方为何要对自己说谎，就能让自己也变得更完善。不过若是在原则性问题上撒谎，你就要判断是否要采取进一步的措施了。

可见，观察对方是否摸鼻子确实是一种辅助我们鉴定对方是否说谎的有效手段，当然，我们不能就因此断定什么。但要记住这样一个规则：单纯的鼻子发痒往往只会引发人们反复摩擦鼻子这个单一的手势，而和人们整个对话的内容、频率和节奏没有任何关联；但如果这之间存在某种联系，你就必须对他的谈话内容加以警惕了。

心理启示：

当人们撒谎的时候，一种名为"儿茶酚胺"的化学物质会被释放出来，从而引起鼻腔内部的细胞肿胀。因此，说谎的人往往非常喜欢触摸自己的鼻子。

抓耳挠腮等于口是心非

我们都知道,语言的沟通是双向的,任何单向的沟通都不叫沟通。而我们更为严重的错误认识是,沟通仅仅通过语言来传递,其实,很多时候,一些非口头语言也是沟通的重要方法。

非口头语言包含得非常丰富,当然也包括肢体语言,如我们的动作、表情、眼神,实际上,在我们的声音里也包含着非常丰富的语言。人们在说每一句话的时候,用什么样的音色去说,用什么样的抑扬顿挫去说等,都是肢体语言的一部分。还有一些非口头语言,如一些动作和行为等。

在与人交谈的过程中,若想了解他人真实的想法,就要从多方面考察。事实上,如果一个人对你说:“我非常理解你的心情。”同时,你看见他在抓耳挠腮,那么,不要被他的话骗了,这是口是心非的表现。他的这一动作已经暴露了他心中的秘密。

心理学家研究发现,人们抓挠脖子一般是用食指抓挠脖子的侧面或者耳垂下方的那块区域,而且食指运动的次数一般为五次左右。而这个动作代表的意思一般是对所说话语的不确定或不安:

我们来看看下面的故事:

王晓是学市场营销的，毕业之后，他在一家化妆品卖场担任市场专员。由于他很会察言观色，因此推销的业绩非常好。但在这个岗位上，他已经做了三年了，他觉得自己完全有资格升职、加薪。

于是这天，他敲开了经理的门，表明自己的来意后，没想到经理笑了笑，将后背靠在椅子上，抓挠着脖子说："你说的这些公司都考虑到了，我们也承认你的能力确实有了一定程度的提高，但是我觉得你还有很大的提升空间；而且你的工资水平在和你同期进公司的人里面已经是相对比较高的了……"

当王晓意识到自己的请求马上就要遭到否决时，他马上改变了谈话策略，接下来，他勇敢地提出了一个能为公司带来业绩的方法，而这个建议确实让总经理对他刮目相看。

因为公司正要开发年度新产品，王晓许下诺言，要帮公司的新产品开发做出一份漂亮的策划书，如果策划书获得认可，公司就要为他涨工资；如果策划书被否定，他的工资水平就维持原状。

总经理被王晓的魄力征服了，他摸着下巴，赞许地点了点头说："好，就按你说的来。"从总经理把手从脖子挪到下巴的那一刹那，王晓明白，他成功了。

这个故事告诉我们，与人交涉，即便遇到对方抓耳挠腮、说谎话的态度时，我们依然可以积极应对。例如，向上级提出升职加薪或者某些建设性的工作意见时，也要做到多用事实性论据，如数字、权威报道等；当然要想让对方对你由怀疑转为肯定，最快捷的方法就是像王晓一样拿出魄力和勇气。

面对那些爱撒谎的人，我们确实应该以宽容的态度去理解，也许对方是有苦衷的，并且鼓励对方说出心口一致的话，但是，如果对方总是口是心非、以撒谎为乐呢？那么，你要做的就是放弃他，别犹豫！否则，你只能活在猜忌和谎言中，那会让你苦不堪言！

心理启示：

在现实生活中，我们也会遇上口是心非的人，他们的招牌动作就是抓耳挠腮，你可能一次能辨别出来，但不可能每次都细心斟酌，对于那些爱撒谎的人，理智的做法应该是放弃这个口是心非者！

说谎者有哪些语言特征

现代社会，无论是职场工作、商业竞争还是与人打交道等，我们都必须了解对方的真实内心，只有知己知彼，才能百战不殆。而伪装的面孔往往带有迷惑性，这就需要我们懂得辨别。那些善于伪装的人可能会让你觉得毫无破绽，但事实并非如此。如果想要去了解一个人是否在说谎，就一定要先知道说谎者有什么特征。通常来说，人在撒谎时的说话习惯与平时是不同的。很明显，如果他闪烁其词或者回避某些问题，显然可能是在说谎。

人们在受到刺激和威胁时，多半都不会心平气和，他们会暴露出内心的真实想法。温斯顿·丘吉尔说过:“一个人绝对不能在遇到危险的威胁时,背过身去试图逃避。若是这样做,只会使危险加倍。”因此,归根结底,“刺激”并不是真正的目的,只是一种手段。“刺激”应包含下列含义:刺激的问题应该是能对对方起到作用的,而不是无关痛痒的;刺激的目的是让对方说真话。例如,如果还是不能彻底了解到对方的脾气,如对方的修养特佳,或伪装得很好,试探对方也是一个很好的方法,例如,你可以提出一个非常偏激的观点,看对方的反应,如果他认同你的观点,那么基本可以确定他是趋炎附势的人,不喜欢与人争辩;如果他与你讨论,则说明他有自己的主见。

美国加州大学的心理学家发现,说谎的人总会有一些无意识的行为信号。善于发现这些信号,有助于我们识别谎言。

那么,撒谎者会有什么样的语言特征呢?

(1)撒谎者会重复质问者的话作为答复。

(2)简短的答复通常是真实的。例如,“我没做”(true)、“我真的没做”(false)。

(3)撒谎者不对问题做直接答复,他们会采取暗示的方式,而非直接地否定或肯定。

(4)回答问题时会补充各种不必要的细节,并且,他们对谈话过程中出现的沉默感到非常不舒服。

(5)避免使用第一人称。美国赫特福德郡大学的心理学家韦斯曼认为,人们在说谎时会本能地避免使用第一人称。例如,朋友告诉你,他的车子抛锚所以失约,他往往会说“车坏了”,而不是说“我的车坏了”。

(6)含糊其辞，不强调任何事情。

(7)不自觉地提高声音。说谎时音调升高，往往是为了掩饰心虚。

(8)回避某个问题。连续问说谎者同一个问题，他很可能会恼羞成怒："我不是已经和你说过了吗？"然后勃然大怒。他也可能对你坦白："事情是这样的，我还是对你直说了吧。"

(9)如果你确定某人正在撒谎，那么当你转换话题时，对方会非常乐意并感到无比轻松。而正常人会对突然的话题转换感到迷惑，并希望再次回到之前的话题。

(10)撒谎者会故作幽默，极尽挖苦讽刺之能事。

一般来说，如果某人出现了以上各种迹象的一种或多种，还不能就此断定他在撒谎，应该与他平时的行为习惯进行比较之后再下结论。

心理启示：

人们在撒谎时的语言习惯与正常说话时是不同的，他们或提高音量，或回避问题，或故作幽默，抓住这些小小的语言特征，能帮助我们发现对方的真心。

提问细节，发现真相

现代社会，我们一直倡导诚信原则，但我们却时常看见有违这一原则的情况出现，有些人为了自身利益不惜以欺骗他人为代价。当然，有时候，有些谎言的出发点是善意的，他们可能是为了保护某个人不受伤害。但谎言无论是善意的还是恶意的，它的存在都隔断了人与人之间真诚的关系。不管怎样，我们都要学会识破谎言。如果对方的谎言是善意的，我们就更加能够理解对方的苦心，避免彼此之间产生误会，从而加深彼此之间的感情。如果对方的谎言是恶意的欺骗，那么，识破谎言则有利于保护我们自己不受伤害。那么，怎样识破谎言呢？其实，我们都知道，任何一条谎言的存在都是不以事实为根据的，为此，撒谎者必然会事先计划好，但无论如何，它都会存在一定的漏洞，这就是我们识破谎言的入口。因此，我们可以多多提问细节，这样对方便会在不知不觉中暴露。我们先来看看下面这样一个故事：

伊恩和琳达已经相恋五年，长时间以来，琳达都对伊恩不满，因为她认为伊恩是一个胆小怕事的男人，无论生活中的大小事，伊恩都会让琳达先试一试。

有一次，他们出海游玩，就在他们准备返航时，却遇到了飓风，他们乘坐的小艇被飓风无情地摧毁了，在危急时刻，幸亏琳达抓住了一块木板，两个人才保住了性命。面对着一望无际的大海，琳达问伊恩："你害怕吗？"听到琳达这么问，伊恩却一反常态，表现得非常英勇，他从怀中掏出一把水果刀，一本正经地说："害怕，但我必须保护你。如果真的遇到鲨鱼，我就用这个来对付它。"看着那个小小的水果刀，琳达不禁摇头苦笑。

后来，他们看到了一艘轮船，便急忙求救，但就在这时，他们看见不远处有一只鲨鱼，琳达赶紧对伊恩说："伊恩，赶紧用力游，我们一定会没事的！"想不到的是，伊恩突然用力把琳达推进海里，独自扒着木板朝轮船奋力游去，并且大声喊道："亲爱的，这次让我先试！"琳达惊呆了，望着伊恩的背影，她感到自己必死无疑。鲨鱼正在靠近，但是，让人惊讶的一幕发生了，鲨鱼径直向伊恩游去，而并没有像琳达担心的那样直冲向她。鲨鱼凶猛地撕咬着伊恩，血水瞬间蔓延开来，在最后的时刻，伊恩竭尽全力地冲琳达喊道："我爱你！"

因为鲨鱼冲向了伊恩，所以琳达获救了。甲板上的人都在默哀，船长坐到琳达身边说："小姐，你的男友是我所见过的最勇敢的人。我们为他祈祷，希望他在天堂里没有痛苦！""勇敢？他是个胆小鬼！"琳达伤心地说："他在危急时刻抛下我独自逃生……"船长惊讶地张大了嘴巴："为了救你，他牺牲了自己的生命，您怎么能这样说他呢？"琳达疑惑地看着船长，船长接着说："刚才，我一直在用望远镜观察你们的情况，难道你不纳闷为什么鲨鱼对近处的你不闻不问，却径直地游向远方的他吗？原因其实很简单，我清楚地看到他把你推开后，用刀子割破了自己的手腕。大家都知道，鲨鱼对血腥味很敏感。假如不是因为他这样做来争取时间,恐怕你现在早就已经葬身鱼腹了……”

看完这个故事,我们不禁会被伊恩对琳达的深深的爱而感动,也为琳达对伊恩的误解而感到遗憾。幸运的是,船长亲眼目睹了事情的真相,否则,琳达岂不是要误会伊恩一生?现实生活中,不会总是有这么一个明察秋毫的船长来为我们揭发真相,所以我们必须清楚地意识到:很多时候,眼睛看到的事情未必都是真的。要想知道真相,就必须去探究事情的细节。

通常,人们为了圆谎,会在撒谎之前预先编造好情节,这样才能在别人询问的时候从容应对。当然,也不排除有很多人是临时才决定撒谎的,这样一来,没有经过缜密的思考,漏洞就会更多了。很多时候,只有亲身经历过的事情,人们才能说出翔实确定的细节。而撒谎者,因为是捏造的,所以根本不可能像亲身经历者那般对细节问题确定无疑。

举个很简单的例子,一个丈夫可能会撒谎骗妻子说昨晚之所以没有回家是因为在加班,但是,当妻子问他和谁一起加班时,他往往很难回答,因为他没有真的加班,所以不敢随便说和谁加班,以免妻子去核实。这时候,他往往会含糊其辞,顾左右而言他。这时候,妻子就要警惕了。反之,如果他没有撒谎,一定会毫不迟疑地告诉妻子自己是和谁一起加班的。这就是细节的绝妙之处,很难伪造。难怪人们常说,如果你撒了一个谎,就要撒很多谎来圆这个谎。

总而言之,为了得知真相,我们一定要展开细节询问,这样才能识破谎言。其实,很多人都不喜欢别人骗自己,不管是善意的谎言,还是恶意的谎言。所以,还是真诚以待为好。

心理启示:

不管是事先预谋好的,还是临时决定的,撒谎者都只能编造出大概的情节,但是却很难编造出完美无瑕的细节。因此,我们可以从细节着手去瓦解对方的谎言。

分辨那些美丽、善意的谎言

对于谎言,每个人都可能无法接受,因为谎言之所以称为“谎言”,是因为它是虚假的、不真实的、骗人的话语。做人的基本原则就是诚信,只有这样,才能获得别人的信任,一个人如果经常撒谎,哄骗他人,久而久之,他的人格就会受到周围人的怀疑。

“狼来了”的故事,相信我们都听过:

从前,有个放羊娃,每天都去山上放羊。

一天,他觉得十分无聊,就想了个捉弄大家寻开心的主意。他向着山下正在种田的农夫们大声喊:“狼来了!狼来了!救命啊!”

农夫们听到喊声急忙拿着锄头和镰刀往山上跑,他们边跑边喊:“不要怕,孩子,我们来帮你打恶狼!”

但农夫们气喘吁吁地赶到山上一看,连狼的影子也没有!放羊娃哈哈大笑:“真有意思,你们上当了!”农夫们生气地走了。

第二天,放羊娃故伎重演,善良的农夫们又冲上来帮他打狼,可还是没有见到狼的影子。

放羊娃笑得直不起腰:“哈哈!你们又上当了!哈哈!”

大伙儿对放羊娃一而再、再而三地说谎十分生气,从此再也不相信他的话了。

过了几天,狼真的来了,一下子闯进了羊群。放羊娃害怕极了,拼命地向农夫们喊:“狼来了!狼来了!快救命呀!狼真的来了!”

农夫们听到他的喊声,以为他又在说谎,大家都不理睬他,没有人去帮他,结果放羊娃的许多羊都被狼咬死了。

从这个故事中,我们学到了做人的道理,就是为人必须诚实,这既是对他人的尊重,也是获得信任的前提条件。在社交生活中也是如此,没有人愿意活在他人的欺骗和谎言中。但万事没有绝对和唯一,针对恶意的谎言,我们绝对要拆穿,但如果对方的谎言是善意的,则应另当别论,甚至应该为对方守住这“美丽的谎言”,你会因此得到感激和他人的信任。

生活中有这样一句话:善意的谎言是美丽的。当我们身边的朋友为了他人的幸福和希望适度地编一些小谎的时候,谎言即变为理解、尊重和宽容,具有神奇的力量,这样的谎言,我们不该拆穿;当我们的老师为了鼓励成绩差的同学而故意撒些小慌的时候,我们也不该拆穿;当我们发现交际圈中有些人有生理缺陷,而故意采取一些遮掩措施时,我们更不该拆穿……

相反，如果我们帮对方守住这个小秘密，还会让对方感受到我们的善解人意，会因此而感激我们，无疑，这是加深彼此感情的有效方式。通常情况下，拥有共同秘密的两个人关系会更紧密。

约翰和往常一样，每个周末都会去银行取钱，然后去市区买点家用的东西，而同样，他还会给地铁里那个所谓的“艺术家”十美元。

那是一个四十来岁的男人，虽然潦倒，但似乎和其他的乞讨者不太一样，他把自己收拾得很干净，也不说任何乞求路人给钱的话，只是身边放着一把吉他，偶尔有路人施舍一点钱，但奇怪的是，约翰每周从这儿过的时候，都会给他十美元，这似乎已经成了一种习惯。

但这次，当约翰进入地铁后，那个男人却不见了。

在接下来的一个月时间里，约翰再也没见到那个男人，约翰想，他是不是换地方了，还是因为生病，不幸去世了？

当约翰在地铁里徘徊，寻找那个熟悉的身影时，一个陌生的男人对他说：“我们老板找您，这一年来，你一共给了他五百多美元，他很感激你，而你和其他施舍者不一样，您知道他自尊心很强，那把吉他只是个借口，而正是您的鼓励，他才能有勇气重新返回商界。请您跟我来。”

原来，那个乞讨者，是因为生意失败而落魄潦倒，但在商业伙伴的帮助下，他很快又重振雄风。

从此，约翰多了一个上流社会的朋友。当他向其他同事和朋友叙说这件事的时候，大家都觉得很离奇。

其实，约翰看穿了那个乞讨者的谎言，那把吉他只不过是个摆设，事实上，这是一个美丽的谎言，但约翰并没有拆穿他，而这也维护了那个男人的自尊，让他有勇气重新来过。

出于美好愿望的谎言，是人生的滋养品，也是信念的源动力。但我们要记住，如果开诚布公、直截了当是一种错误，不妨选择谎言；如果真情告白、坦率无忌是一种伤害，不妨选择谎言；如果谎言能减少对方的痛苦和忧伤，多一点谎言又何妨？

心理启示：

人生在世，谁都有一些不愿被提及的事，这可能涉及自尊、面子和亲情等，为此，他们可能会撒谎，将事情的真相掩盖过去，对此，我们要给予理解，但这并不是纵容谎言，而是成全对方，并不有碍于诚信，这样反而更容易得到对方的信任。

第十一章

朋友的无意识行为解析

我们生活中的每个人，都有一些自己的“熟人”，要么是朋友，要么是同事，你可能认为自己很了解他们，但事实真的是这样吗？有时候，面对那些朝夕相对的熟人，你可能也会感到迷惘，他的性格是怎样的呢？他到底爱好什么呢？事实上，有时候，从朋友们的一些无意识行为中，比如穿衣习惯、工作方式、小动作等，我们也能找到了解他们的突破口。

把"不过"挂在嘴边的人是怎样想的

我们都知道,生活中的每个人在谈话时,都很可能会带上自己的口头禅,比如,"说真的"、"真的吗"等,不同的口头禅背后可能隐藏着不同的心思。我们发现,一些人喜欢把"不过"挂在嘴边,那么,这类人是怎样想的呢?

心理专家称,这类人虽然性格有点任性,但是也反映了其温和的特点,他们说话时滴水不漏,即使发现自己说错了话,也能立即找出一个例外,很委婉、没有断然的意味。从事公共关系的人常有这类口头语,它的委婉意味,不致令人有冷落感。我们先来看下面一则故事:

小陆是一个幸运儿,大学刚毕业第一次找工作,就被一家大型外企通知面试。

这天,面试他的是公司的女经理,当经理问他期望的薪金是多少时,他的回答是:"五千吧,不过,我会认真考虑公司提供的薪水。"再问到为什么到现在还没有找到工作时,他的回答是:"我对工作是有要求的,不过我认为贵公司提供的这份工作是有挑战性的……"一番话让这位经理对他十分满意,她心想,这肯定是个知进退、懂得把握分寸的年轻人。

于是,小陆就这样进了这家公司,他拿着高工资,让周围的人很羡慕,但这并不是偶然所得，他的确能力很突出，最重要的是，他懂得在职场什么该说，什么不该说，什么该做，什么不该做。

有一天，小陆替办公室的一位大姐值班。当他正准备去资料室拿资料时，看到经理和一位先生在楼道里说话，出于好奇，小陆躲在门口，听了他们的对话。小陆一惊，原来这位先生是经理的丈夫，他们原来在商量离婚的事。当小陆正听着时，没想到经理一回头，看到了小陆。小陆赶紧走开了。

第二天，女经理认为整个办公室都会传开自己离婚的事，但出乎她的意料，小陆什么都没有说，只是给她发了条微信："张总，加油，什么都难不倒你！"真是个贴心的年轻人，女经理心想，看来当初把他招进公司是个正确的决定。

自打那次之后，经理对小陆更加信任了，还把他升为了自己的特别助理。

现实生活中，可能很少有年轻人能和故事中的小陆一样，守住领导的秘密。事实上，小陆的性格特征在他刚进公司的时候就被看出来了，他通常以"不过"为口头禅，这类人通常温顺、柔和、心思缜密，做人做事都会留有余地。而且，他们在日常生活中也通常因为贴心、善解人意而有好人缘。

其实，生活中的我们，也应该力求把自己培养成这样的人。就做事而言，认真是一个人要做好一件事情的前提，如果对什么事情都敷衍了事，草草出兵，草草收兵，必然做不好。就做人而言，把话说得绝对、事情做得太绝，也是自断退路。很多时候，给他人留有机会，也就是给自己拓展空间；而做人太嚣张、对他人赶尽杀绝，也无疑是断了自己的退路。反过来，给他人机会,就等于是在为自己拓展空间。

一次,楚王邀请群臣来喝酒,席间,为了助兴,楚王叫来了自己最宠爱的两位美人许姬和麦姬轮流向各位敬酒。

因为是在室外举办的宴会,所以,当一阵狂风吹来时,在场的所有灯笼和蜡烛都被吹灭了。此时,一个好色的官员趁机摸了许姬的玉手。许姬当然本能地甩了一下手,谁知道,这下子,她一不小心扯掉了这位官员的帽带,然后她匆匆回到座位上并在楚王耳边悄声说:“刚才有人乘机调戏我,我扯断了他的帽带,你赶快叫人点起蜡烛来,看谁没有帽带,就知道是谁了。”

楚王听了,并没有责备那位官员,而是立即令人先不要点蜡烛,并对在场的所有人说:“我今天晚上,一定要与各位一醉方休,来,大家都把帽子脱了痛快饮一场。”

有了楚王的命令,大家也只好脱了帽子,自然也就看不出是谁的帽带断了。后来楚王攻打郑国,有一名健将独自率领几百人,为三军开路,斩将过关,直通郑国的首都,而此人就是当年揩许姬油的那一位。他因楚王施恩于他,而发誓毕生效忠于楚王。

“人非圣贤,孰能无过。”很多时候,放他人一马,就是给自己创造机会。很多时候,我们都需要宽容,这不仅是给别人机会,更是为自己创造机会。俗话说“物极必反”、“满招损,谦受益,时乃天道。”水缸装满了水,再往里面添水,就会往外溢,这就是物极必反,事物发展到了极端,就必然朝着相反的方向发展。

同样,在生活中,我们为人也不可太狂妄,更不能欺人太甚,以强凌弱,给别人留后路也就是给自己留退路，有时受欺者貌似软弱，实际上是胸怀宽广，不与你计较。当你受欺之后，不必愤恨不已，或冲动地做出让自己后悔的事。

心理启示：

喜欢说“不过”的人，多半是做人做事圆润通达的人，他们懂得为自己、为他人留退路，因为懂得变通和权衡，通常他们都拥有良好的人际关系。

谈话过程中吐舌头代表什么

生活中的人们，在与别人谈话的过程中，你是否会遇到这样的情况：在你兴致勃勃地谈论自己的观点时，对方却突然吐舌头，你不知道这是什么含义，也不知道是继续谈话还是终止……一般来说，吐舌头是表示否认态度，比如对对方的话感到厌烦或不想接受对方的观点。此外，当人在专心做某事时也会吐舌头，这来自于幼儿时期对拒绝的表示，意思是不要打搅我。

也就是说，吐舌头一般是有否定意义的，当对方有这样的微动作时，我们最好就不要再滔滔不绝地谈论了，而应该转移话题或者把话语主动权交给对方。

我们发现，谈话过程中，有时候人们不会直接告诉销售员他们内心的真实想法,这就需要善于察言观色,要从对方的微表情中准确把握,然后针对其不同心理采取不同的措施。对此,我们可以从以下三个方面把握:

1. 随时观察对方的信息反馈

任何人在倾听他人讲话的时候,都会产生某些不同的倾听效果,而这些效果,通常都是通过表情与动作来体现的。一般来说,分为以下几种情况:

如果对方在听你的谈话时,目光注视着你,随着讲话的节奏思考,这不仅表示他喜欢你讲话的内容,而且有比较深刻的理解;

如果对方吐舌头,则很可能是他对这次谈话不感兴趣或者已经厌烦了。

眼神、面部表情、肢体动作等,都可能蕴含着这方面的信息,如果不注意观察,只是一味地讲自己的话,则很可能造成讲话者与听话者各取所需、互不相干的尴尬局面,使沟通变成自我表现。

2. 聆听对方的回答

任何沟通都是双向的,这也决定了沟通不能只说不听,同样,我们说话也不能只顾自己表达而忽视听众是否接受,只讲不听。

因此,一个聪明的人,往往很注重和他人的沟通,在讲完一段话之后,都会主动提出来让对方表达观点。这样做,一方面有利于了解对方的想法,另一方面,聆听是一种对他人的尊重,更是一种人际交往的艺术。

3. 不断地修正自己讲话的内容与方式

一旦发现对方在沟通的过程中出现了吐舌头的动作,就要迅速地对自己的讲话内容做出调整,还要保持讲话内容的前后连贯一致。在这个过程中既要能投对方所好,说出对方想听的话,又要能把自己的意图表达完整,掌握谈话的主动权。

心理启示：

与人交谈的过程中，我们都希望沟通能顺利进行下去，但因为立场、观点或者喜好的不同，我们的言论很有可能让对方产生厌烦情绪，如果能掌握一点心理学，从微动作观察对方，那么，就很有可能挽救僵化的谈话局势。

他为什么总是喜欢穿黄色的衣服

我们都知道，生活中是有众多色彩的，这些色彩或明亮、或晦暗，世界万物因拥有各种色彩而变得缤纷绚丽，画家们也一直在用他们自己对色彩的理解来诠释这个世界，而现实生活中，从一个人的服装颜色，也能看出他人的内心情感。

可能有些人会觉得奇怪，朋友圈中，有的人好像特别喜欢黄色，你会看到他经常穿黄色的衣服，那么，这样的人有着怎样的心理呢？

心理专家称，黄色是一个表示心灵能量的颜色，它可以加速理想的实现，并能启发新的创意，但因为一般人不懂得如何挑选适合自己的黄色而常常给人一种愚蠢的印象。一个选择黄色衣服的人，通常是有着自己独特的见解和想法，富有高度的创作力及好奇心的人。他们心情欢畅，性格外向，精力充沛，做事自信、潇洒自如，说话也无所畏惧，不担心别人会怎么想。这类人具有冒险、追求刺激和新鲜的特征，无法忍受一成不变。

现在你是否觉得你的朋友确实是这样阳光的人呢？

的确，色彩在服装的外观表现上有着难以言喻的魅力，它不仅能体现服装的质感，更能体现出一个人的个性和风度，是一个人整体形象中最具情感特征的部分。心理学家埃卡特里娜·雷皮纳曾经这样阐述服装颜色与人类心理的关系："很多人还完全没有意识到颜色的神奇功能，事实上，通过不同颜色的服装，人们——尤其是女性可以更好地了解自己。"

所以，我们可以根据对方喜爱的服装颜色更加进一步地了解到对方的性情与内心：

1. 喜欢白色衣服的人

白色是纯净、没有任何杂质的色彩，于是它也就象征着纯洁、神圣。在生活中，喜欢白色服装的人，往往是一个比较追求完美的人，但又有实际的一面。这一类人内心比较寂寞，他们渴望引起别人的注意和关心，甚至爱慕。他们不太喜欢别人无端的客套，所以在不熟悉的人眼里，他们是让人既爱又怕的对象。

2. 选择绿色衣服的人

绿色是生机盎然的色彩，代表生命的诞生和延续。喜欢绿色衣服的人个性谦虚平实，善于克制自己，不爱与人争论，心绪不易烦乱，很少有焦虑不安或忧愁之感。和善、可亲是这类人最大的特色，而且他们对自己不喜欢的人也不会刻意地排斥或疏远。这类人道德感强烈，个性直爽，是聊天的理想对象。

3. 喜欢蓝色衣服的人

在我们的日常生活中，蓝色是一种相当常见的服装色彩。喜欢这类颜色服装的人，一般比较喜欢宁静、自然，他们无忧无虑，善于控制感情，很有责任心。同时又富有见识，判断力强。这一类人的个性也比较固执，往往不达目的绝不会罢休。不过也正是因为这个原因，他们往往会固执己见，听不进旁人的意见。他们也不擅长交际，所以只能和志同道合的人进行小团体交流。

4. 选择红色衣服的人

红色使人精神振奋，但过度的红又会使人精神紧张、脾气暴躁。这类人大都是精力旺盛的行动派，不管花多少力气或代价都要满足自己的好奇心和欲望，他们会对自己专注的和感兴趣的事情投入百分之百的热情。但这类人往往缺乏耐性，一遇到挫折便会迅速地丧失原有的热情，情绪变化相当大。他们心直口快，说话做事不假思索，从不考虑别人的感受，也不在乎可能产生的后果，而且他们没有承担过错的能力和自我反省的勇气，习惯把责任归咎到别人或外在不可抗拒的因素上。

5. 选择粉色衣服的人

粉色是红和白的结合，带有白色和红色的两种性格特点，可以说是感性与理性结合，知识与天真并存。选择粉色衣服的人多是单纯天真的幻想家，有着纯洁如白纸般的心境，整天活在自己编织出来的世界里。他们比较感性，处世温和，常常想让自己呈现出年轻、有朝气的感觉，甚至希望在旁人眼中是个高贵的形象，散发着一种让人看到就很舒服的魅力，但却有着强烈的逃避现实的倾向。

6. 喜欢黑色衣服的人

这一类人从表面上看可能会给人神秘、高贵以及专业的印象。但是，只要仔细观察，就会发现，这一类人多是不善于社交的人，他们无非是用黑色来掩饰自己内心的紧张、不安、自卑或恐惧。他们喜欢用黑色来让自己显得更加冷酷，以求在无形中给对方造成一定的心理压力。

另外，专家建议，当一个人心情不好时，最好选择穿一些色彩明亮的衣服。因为衣服的色彩也在很大程度上影响着人的情绪，同时也要注意适当的协调和搭配。当感到心情不愉快时，男性可以穿一件色彩明快的衣服，如浅蓝色，用于冲淡一些心理的暗沉感觉，而女性这时则可选择红色、玫瑰色、黄色和绿色等悦目的衣服来调节自己的情绪。

黄色给人以温暖的感觉；蓝色可以让人摆脱烦躁的情绪，安静下来，遐想广阔的大海，心情会像海一样宽广。而一身橙色的运动服，则会让你顿时阳光十足，充满活力。

心理启示：

衣饰颜色是一种会说话的“色彩语言”。它传递着人的心理状态、意向、性格、爱好、兴趣及身份等多方面的信息。掌握这种“语言”将会为你更加准确地看透对方增加一个更大的筹码。

笔迹背后藏了怎样的心理密码

日常生活中,我们每个人都会或多或少地需要写字,这就涉及一个人的笔迹问题,提到笔迹与心理,可能人们都会想,这二者怎么可能有关系呢?但实际上,我国乃至欧洲早有学者对笔迹进行过研究,这就是生活中人们常说"字如其人"的原因。可见,一个人的个性心理与其字迹是有一定关系的。

的确,笔迹作为人们传达思想感情、进行思维沟通的一种手段,和其他肢体语言一样,是人体信息的一种载体,是大脑潜意识的自然流露。我们的确可以从一份笔迹上猜测出书写者的性格特点、心理等,而且成功的几率可以达到60% ~70%;这一点,已经成为很多用人单位招聘员工的一个潜在考察点。

例如,在美国已经有三百多家公司在聘用人才时,接受笔迹学家的意见。他们认为,通过笔迹,可以看出应聘者在求职时的心理状态,并且利用这一点还能做到人尽其才,按照每个人的不同性格安排工作,更能发挥出他们的专业才能。

我们再来看下面的这则应聘故事:

李捷经人引荐,得到了去一家时尚前沿杂志面试的机会。这天,她精心打扮了一番:白衬衣、粉红短套装裙,精美的妆容,总之很漂亮,出门前家人都认为她这份工作肯定是没问题了。

但中午的时候,李捷回家了,一副沮丧样儿,家里人问怎么回事,原来问题还是出在了李捷的笔试上——她的字太潦草。

原来,事情是这样的:

李捷应聘的是杂志文字编辑一职,她和其他几位应聘者一样,都带上了自己的文稿,但这几篇文稿文笔相当,面试官不好决策,就咨询主编。巧的是,这位主编是个典型的“老古董”,习惯了古老的考试方式,并且,他认为,一个人的字写的怎么样,很大程度上体现了他的知识素养,于是,他针对时尚界的一些问题,出了一些题目,让这些应聘者现场书写答案。结果,这位主编对李捷试卷的评论是:字迹潦草,观点模糊。

后来,这位主编留下了一个尽管资质尚浅,但字体漂亮的年轻人。这让很多同来面试的人觉得不服气,但他们也只能和李捷一样,感叹自己没有练好字。

在这里,我们并不能认为这位主编选用人才的方式就正确。但不得不承认的是,很多时候,人们会根据对方的字体判断对方的知识水平和文化素养,尽管人们都已普遍使用办公设备工作。

关于笔迹学,美国著名的心理疗法专家威廉·希契科克已经研究了二十多年,并藏有4万份笔迹档案,他从中得出了一些具体的结论:

一个人的性格、心理状态和逻辑思维能力等很多方面都会在笔迹上有所体现,具体来说,有以下方面:

根据字体大小看，字体写得过小的人，是有观察力和会精打细算的人，字迹过于紧凑则具有吝啬和善于盘算的性格；字体写得过大的人是举止随便、过于自信和做事比较草率的人。

根据笔迹是否均匀看，一个人的笔迹若不均匀，则表明他可能脾气暴躁、嫉妒心强，甚至喜欢搞小动作、小阴谋；一个人笔迹轻重均匀适中，则表现书写者是个性格平稳、成熟稳重的人，交代给他的事，他一般都会努力完成。对于下笔很重者，则有可能是内心敏感者。

从字体结构来看，字体方正的人，一般都是做事严谨、记忆力强、认真的人；相反，字体方圆，在大小、长短等方面有变化的人，则多半是适应能力强、善于与人打交道者。

根据字体的形状看，字写得有棱有角的人，一般都是个性鲜明、立场坚定的人；相反，字体圆滑者，多半也和其性格一样，为人随和、老练，善于笼络人心。

从字体是否有变化看，在笔迹上总是追求新颖的人，多半也是勇敢、爱冒险的人；而在字行间起伏不平的书写者则富于外交手段，善于发现别人的弱点；书写时越写越往上者是个乐观主义者，而越写越往下者则是个悲观主义者。

另外，我们还发现，生活中，有些人在写字时，因为喜欢他人的笔迹，会刻意模仿对方，这种人一般都能独当一面，很可靠；在书写阿拉伯数字的时候，有些人会写得很美，这样的人一般内藏心机，能做到喜怒不外露并能沉着应付大事。

心理启示：

不同性格的人在书写的时候，在字体的大小、形状、字的模仿性等方面都完全不同，了解这些，能帮助我们懂得他人的心理活动，从而帮助我们决定怎样与人交往。

你的同事是怎样整理文件夹的

现代社会，要进入职场参加工作，就必须要与各式各样的文件打交道，文件对于任何人乃至企业的重要性都毋庸置疑，我们也常常被那些纸张弄得焦头烂额，如果你是个细心的人，你会发现，在你周围的同事甚至上司中，同样是整理纸张，不同的人会有不同的做法，这也暗示出每个人的不同性格。我们先来看下面的故事：

秦琼今年30岁，毕业六年了，在同学中，他可谓是事业有成。目前，他开了一家广告公司，还有一间印刷厂，这几年，公司的业务很多，秦琼忙得不可开交，最近更让秦琼烦躁的是，跟了他三年的秘书小李因为怀孕休假在家，不能来上班了，无奈，秦琼只好再招了一个女秘书小王。

然而，就在上班第一天，秦琼就注意到了这位女秘书好像有点奇怪。

平常，公司的一些文件都是交给秘书整理和保管的，这天，当小王和小李把工作交接完后，小王就开始投入工作了。

因为家事，秦琼这天来得比较晚，当他进入办公室的时候，已经快十点了，他看到小王在整理过去的一些文件，心想，这个新来的女秘书真不错，工作还挺认真、努力。

后来，秦琼从他办公室的玻璃窗看到，小王好像一上午都在整理文件，也许是工作效率慢吧，秦琼这样想着。可是，让他感到奇怪的是，接下来的一下午，小王依然在重复那些工作，秦琼开始怀疑，这个女秘书会不会有强迫症呢？于是，他准备去测试一下，他打电话对小王说："小王啊，你帮我找今年六月份的营业额表格，一会儿送到我办公室来。"

"好的，秦总，您稍等。"

秦琼留意到，小王找到那份文件后，又重新把之前的文件整理了几次，这下，秦琼可以确定自己的想法了。于是，当小王送来文件后，他尝试着问小王："小王，你有没有意识到自己在整理文件时有点怪呢？"

"我知道秦总的意思，我知道的，我有强迫症，一直在治疗，这周末我还约了心理医生，请您放心，我不会影响到工作的。"

"是这样啊，那我的担心多余了，我以为你没有察觉到这一问题，那你回去忙吧。"

在这则职场故事中，秦琼是个善于观察的上司，他从反复观察下属整理文件这一行为中，发现小王有强迫症，当然，关于这一点，小王自己也清楚。

当然，我们周边的同事，并不是所有整理文件比较慢的人都有强迫症，但具体来说，我们可以根据他们的这一做事习惯来大致看出其性格特征：

有一些人习惯把用过的文件用订书机装订起来，他们这样做，是为了防止文件丢失或损坏，这类人一般非常自信、擅于观察思考，很少出错。看准一件事情后，就会坚持到底。平常生活中，他们的领导力和控制欲较强，说一不二，甚至有些固执。

有一些人喜欢把文件、材料放在活页夹里，或者用夹子、曲别针等暂时固定，以方便取用。这样的人比较灵活，为人处世比较谨慎小心，但他们并不自私，生活中，他们会首先考虑他人的想法，甚至有时还会迎合他人，他们自我要求严格，办事认真可靠。

另有一部分人，喜欢用胶水或胶带整理、固定文件。这样的人内心缺乏安全感，在他们看来，只有掌控好自己手中的物品，才能让自己心安。有时，他们疑心较重，总是担心事情没有办好，并用各种方法反复试探。

还有一些人，他们的办公桌上总是摆满了各种文件，当他们需要文件的时候，才会在一堆杂乱的纸张中寻找，当意识到自己的办公桌需要清理时，他们才会整理一下，他们多数喜欢自由自在、无拘无束的生活，性格随意大方，生活和工作分得不是特别清楚，也不会给自己太大的压力，更不喜欢用规则束缚自己。与他们在一起，也常常会觉得轻松、自在。

当然，需要注意的是，如同故事中的小王一样，如果总是反复清点文件、物品，数几遍还不放心，则要警惕是否有强迫症。

心理启示：

人们整理文件时的不同习惯，体现了人们不同的性格：喜欢把文件暂时固定的人，思维灵活多变，为人谨慎小心；喜欢直接装订起来的人，则一般都很自信、善于观察思考,很少出错;整理文件的小习惯也会暴露出一个人性格特质。

第十二章

商务活动中的小动作解析

现代社会,我们参与社会工作,就要面临一些商务活动,就免不了要与人交涉。这是一个斗智斗勇的过程,更是一场心理的较量,所谓“知己知彼,百战不殆”,如果能掌握一些心理学知识,从微动作入手,找到这些动作背后的含义,那么,你便能了解对方,从而做出有助于交涉的对策,成功掌握交涉主动权!

伸出双手与人握手是热情的表现

我们都知道，商务活动中，无论是迎来还是送往，都免不了要握手，然而，这一商务活动中的小动作也暗含着玄机。

有研究人员曾通过实验研究了握手的效果，结果证明：身体的接触行为能增强人与人之间的亲近感，即使是初次见面的人，也有同样的效果。为了强化这种效果，有人会伸出双手与人握手，这样的人大多非常热情。但是，如此简单的道理，并不是所有人都了解，甚至有一些人因为忽视这一礼节导致了商务洽谈活动的失败。我们先来看下面的例子：

小李是某大型公司的年轻主管，他负责某类产品的配件加工业务，因为他总是努力工作，公司领导很信任他。一次，公司派小李代表公司前往某大公司洽谈一笔大的外包业务。对公司而言，该业务很重要。因为大企业的外包业务量大且稳定，也就是说，如果能拿下这笔业务，公司可以获得一笔很大、很稳定的现金流。

为此，小李投入了大量的时间与精力用于前期准备。也许是准备工作做得很充足，双方刚刚接触，对方就表示出了明显的好感。有了好的开头，洽谈工作进展得也很顺利，最后一天，还留有一些细节问题需要进一步协商。结果,仅用了半天时间,便协商好了。

对方要求再给几天时间,以向上级汇报,然后再做最后的决定。

小李满口答应了,他本以为这件事可以敲定。且料,两三天过去了,一周过去了,对方还是没有动静。他实在忍不住,打电话询问对方的一名代表,对方代表告诉他,事情可能有变故。他请求对方解释一下原因,对方拒绝了。可他不甘心,当他第三次打电话过去,对方告诉他,问题出在最后那天他没和对方代表握手上。

原来那天,小李满以为事情已经敲定,便掉以轻心,甚至连最后的握手礼也忘记了。也许是潜意识里,他认为大局已定,不需要再小心翼翼。

总之,最后一天,一个小小的疏忽让小李失去了一个大订单。

人们总是说"良好的开端是成功的一半",可是小李却败在了虎头蛇尾上。这告诉我们,"好头不如好尾"。与人打交道,我们不仅要在最初表现得很好,在最后阶段也要表现好,结束时更要特别注意,做到有始有终。

我们再来看下面一个故事:

老王在一家涉外公司供职,负责的是外商接待事宜。最近公司新来了一个年轻人,被分在他所在的部门,就是这个年轻人,差点坏了公司的大事。

一次,某代表团来华访问,其在华期间的接待工作与活动均由老王负责。因为老王有多年的接待经验,为期一周的访问活动进行得相当顺利,每天都有专人陪同,精心照料代表团成员的饮食起居。终于,这一代表团回国了。回国后,老王给这位代表团的负责人打电话,问及在中国的感受。对方回答说:"你们的工作做得非常好,在中国的这几天我们都感觉很充实,但是,有一位先生似乎对我有意见,这让我很不开心。”这话让老王很是诧异。于是,他赶紧追问原因。

原来,情况是这样的,那天,饭局结束后,这位年轻人负责送别代表团。在机场,年轻人出于害羞,连基本的握手这一礼仪也没有。而其实,小伙子并不是真的对人家有意见,只因刚参加工作不久,不知道握手的学问,再加上其他人也没有注意到他的疏忽,因此一错再错,“得罪”了代表团。

幸运的是,老王帮忙解开了这个误会,后来小伙子非常诚恳地向代表团团长道了歉,最终挽回了局面。

在这则案例中,如果这位年轻人在送别代表团之前能和代表团的人主动握手,可能也不会造成这一误会,不过,值得庆幸的是,老王及时帮助他解开了误会。

英国著名动物学和人类行为学家德斯蒙德·莫里斯说:“握手是表现热情的一个动作。”用一只手握手已经能表达热情了,如果再加上一只手,甚至握住对方的手腕,再拍拍他的肩膀,则表现出十分的热情,同时还能展现自己的诚意。不过,伸出双手而且用力握手的人,一方面能给人一种真诚、诚实的印象,另一方面也能反映出“自己很强大,给对方造成威压感”的内在心理活动。

在商务场合,就握手这一礼仪,我们需要注意的是:与会时应先与主人握手,再与房间里的其他人握手。如果男士与女士握手,需待女士先伸出手,而不能主动与女士握,握时应轻握女士的手指部分,不要握手掌部分。不要随便主动伸手与长者、尊者、领导握手,应等他们先伸手时才能握。对方可能未注意自己已伸手欲与之相握，而未伸手，此时应微笑地收回自己的手，无须太在意。

心理启示：

现代社会的商务场所，握手是基本的礼仪，主动伸出手，不仅能彰显我们的热情、真诚，还能帮助我们赢得气场和心理优势，有利于主动权的掌握！

通过名片识人的简单技巧

我们都知道，现代社会，不论是私人交往还是公务往来中最经济实惠、最通用的介绍媒介就是名片了，它具有证明身份、广交朋友、联络感情、表达情意等多种功能。因此，名片使用率之高告诉我们，分析他人的名片，能帮助我们更清晰地了解其性格和心理特征。

迈克现在已经是一家知名风投公司的投资人，最近，他看好了一家小公司，准备对其进行投资，但在见面时，对方的态度却让他大失所望。

这天，迈克和助手到了这家公司，为了方便，对方把午饭安排在了公司附近的一家酒店。到达吃饭地点后，双方在进行了一番自我介绍以后，便进入了交换名片的环节，迈克的助手把他的名片递到对方公司的接待人员手中，令迈克惊讶的是，对方竟然丝毫没有看他的名片，而是直接把它丢到了桌子上，也没有再回赠名片的意思。

整个饭桌上，迈克都不怎么高兴，也没怎么说话，原本打算了解的关于这家公司的很多问题也都不想问了。

第二天，这位公司的负责人前来咨询投资的事，对此，迈克的回答是："我是不会与这么不懂礼节的公司合作的，我想贵公司现在需要做的是先给员工上一门礼仪课。"

这则案例中，这家公司为什么失去了一个被投资的机会？问题就出在名片上。从这里，我们可以看出一点，名片在现代社会人际交往中的重要性。另外，从心理学的角度看，一个人如何使用名片，也体现了他的性格特征和处世方式，具体来说，有以下几种：

1. 喜欢大字体的人

这类人喜欢表现自己，功名心很强，在人际交往中，他们希望自己能成为焦点。他们善于与人交往，表现得相当平和与亲切，具有绅士风度。这种人不会迷失自己，遇到利益时，不会拱手让给别人。表面上看，他们和谁都相处得不错，但实际上，却不容易让他人真正地靠近。他们善于隐藏自己，为人处世谨慎，更能把握分寸，使一切都恰到好处。

2. 到处发名片的人

无论在什么场合，他们都喜欢把自己摆在一个显眼的位置，好让他人随时能看到，他们不但容易忘记自己在什么时候拿名片给了什么人，而且轻易地把名片当成一种传单，漫天乱撒。这种人如果是经营者，大多是老板或伙计，推车四处奔走的私营企业主，虽然常想不劳而获，大捞一笔，但也常有

“偷鸡不成蚀把米”的危险性。

3. 名片上没有任何头衔的人

这类人大多有自己的个性，他们不喜欢循规蹈矩，不喜欢虚伪的人和事，他们不在乎金钱与地位，也不太在乎世俗的看法，他们只喜欢按照自己的意愿去做任何一件事情，而不是被他人支配和调遣。而与此同时，他们也很少对别人指手画脚，发号施令。他们具有超乎一般人的想象力和创造力，经常会有所创新和突破。

4. 比他人较快递出名片的人

比对方更早递出名片，是着重诚意的表现。这样做的效果是慎重、厚重、重礼仪。收到名片后仍然不拿出名片给对方，则是粗鲁无礼以及拒绝的表现。

5. 经常若无其事地掏出一大堆别人的名片的人

像这种带着大把他人的名片外出的人，大都以自我为中心，其特征是活动性强，口才很好，说话绝不会出任何纰漏，是能够获得他人喜欢的人。他们的社交能力、组织能力比较强，具有不错的口才和充沛的精力，成功的概率还是比较大的。与这种人商谈之前，最好能立下约文保证。

6. 在名片上附加自己的家庭住址和电话的人

这类人无论在能力还是社交等各方面都相当优秀。有对自己、对社会负责任的效果，一方面，如果他不在办公室，对方一定会找到家里来，把事情解决。而与此相反，有许多人为了逃避工作上的麻烦，而拒绝告诉他人自家的地址和电话。另一方面，这样做可能会被他人利用。故投放名片时，要小心提防。

7. 名片有别名或改名的人

这类人叛逆心比较强，为人处世比较小心、谨慎，无法与周围的人合拍。另外，他们还有点神经质，常常怀疑周遭的一切，猜疑别人的同时也怀疑自己，这使得他们很容易产生自卑感，在遇到挫折和困难的时候，缺乏足够的信心，总是想妥协退让。从某一方面来讲，他们没有太多的责任心，并且还总会想方设法逃避自己该负的责任。

心理启示：

从某种程度来讲，名片就是我们身份的代表。有的名片甚至囊括了一个人一生的成就和所得。所以，通过名片识人是一个十分有效的方法。

对方突然整理领带意味着什么

曾经有这样一个传说：

17 世纪中叶，克罗地亚骑兵在法国巴黎接受路易十四的检阅，他们刚从战场上凯旋，身着为威武的制服，一个个英姿勃发；更让国王感到欢喜的是，这些骑兵脖颈上都飘着颜色鲜艳的布带，为此，他们得到了赞赏，国王喜欢，朝野上下都喜欢，有人还别出心裁地将布带在领口挽了一个漂亮的结。后来，一部分男人使这布带越来越短成为领结，另一部分人使它越来越长往下延伸演变为领带。

这就是领带的由来。经历了长时间的岁月变迁，现代社会，领带已经成为男人在社交场合最基本的配饰之一，从佩戴的领带基本上可以解码这个男人的性格。

有人说，男人出门可以不带刀枪，但穿上西装就一定要扎领带。男人的衣橱里可以只有一套西装，却绝不可以只有一条领带。可以这样说，一条领带塑造一个男人。

我们也不难发现，在商务场合，领带就像男人的门面一样重要。那么，如果在洽谈的过程中，一个人突然整理自己的领带意味着什么呢？

心理专家称，突然整理领带之类的动作，除了具有自我注视的含义，也有人认为那是一种自我防卫手段，在面对面谈话过程中，对方突然开始整理领带，这意味着什么呢？这表示对方的“斗志”开始燃烧。对方整理领带的行为不应该是感觉无聊的表现。也许是那个刚才一言不发的人马上就要开口了。其注意力开始转移到自己身上，这叫作“自我注视”心理。一些动物也有类似的行为，比如猫用舌头梳理自己的毛，鸟用嘴梳理自己的羽毛等。当人的意识转向自己的时候，就会注意自己的外表，将外表整理停当后，就好像是向他人宣布：“请大家注意我！”

我们不妨先来看下面一个故事：

陈颖是某大型卫浴公司的销售部经理，因此，她需要经常参加一些涉外商务谈判。她经常开玩笑说：“我虽然是一个弱女子，但在和这帮老外谈判的时候,我可从来没有吃过亏。其实,在谈判过程中,一定要保持冷静,摸清楚对方的心理再说话是很有必要的。”

陈颖是这么说的,也是这么做的。

一次,有一单一百多万元的生意,陈颖代表公司前去谈判。

在谈判桌上,陈颖一直在向对方介绍公司产品的优越性,对方代表也一直在点头,陈颖明白对方应该是满意的。但谈到价格时,陈颖注意到:对方代表突然整理了一下自己的领带,这是有话要说、不同意的意思。陈颖心想,对方看样子是不同意价格。于是,她说:“我们两家公司是头一次做生意,我们公司产品的性能,相信贵公司已经了解,你们有什么疑问,可以提出来。”果然,不出陈颖所料,对方要杀价,其实问题不在于价格,而是对方的态度和气势,对方话里的意思很明白,他们认为中国的卫浴产品完全不值这个价。面对高高在上的对方,陈颖采取的态度反而是委婉,“不好意思,这个价格我还要考虑一下,但估计情况不会太乐观,因为我们卖的是品质。”最后,这个客户一拍桌子站起身来走了。

两天后,这位客户从欧洲飞回来,说一定要马上见陈颖,而陈颖给他的回复是:“抱歉,两三天后我才有时间。”后来,这笔生意以双赢的结果成交。

在这场商务谈判中,我们发现,销售代表陈颖是聪明的,她能从客户的各个小动作中看出对方的心思。在发现对方突然整理了领带以后,便让顾客把价格异议这个问题主动说出来,当然,最后她毫不妥协的魄力也是值得敬佩的。

巴尔扎克说,领带是男人的介绍信。对面来的男人品位如何,他的领带会告诉你。只要男人系上领带，他的身份、地位、个性，甚至是一些他刻意想隐藏的私人信息，如果你有心，即使他不开口，也能猜个八九不离十。而最重要的是，在商务活动中，如果一个男人突然整理领带，表明他之前一直在关注别人，现在把注意力转移到了自己身上，便开始注意自己的仪容仪表。这叫作“自我注视”心理。

心理启示：

整理领带和扶一下眼镜都属于“自我注视”心理，当人的意识转向自己的时候，就会注意自己的外表，将外表整理停当后，就好像是向他人宣布：“请大家注意我！”

眉毛突然挑动意味着什么

商务活动中，在与他人交涉的过程中，也许你经常会看到他人有这样的一个微表情——挑动眉毛，在眉毛的各种状态中，最为诡异的便是挑动眉毛的情形，即一边的眉毛下垂或者保持不动，另一边的眉毛高挑。这又代表什么呢？以下案例能够很好地为我们解答这个问题。

阿建是一名室内设计师，工作内容主要是为客户设计办公室、居所以及大型的商场等。

这天,阿建带着自己的设计来到客户的公司,准备和客户交涉一下具体的设计细节。但当他一进客户的办公室时,他就发现客户表现得很不友好:他斜眼上下打量了阿建一下,流露出一点鄙夷。

不出所料,当阿建拿出设计准备和客户谈时,客户就开始挑毛病了,大到整个办公楼的功能划分、整体布局,小到办公桌的摆放、绿植的位置,客户通通不满意。而且,客户还拿出了自己的设计,看那架势,非要和阿建一较高低。阿建真是没辙了,最后,他只好拿出自己事先准备的撒手锏,告诉客户自己的设计更加经济实惠,实施起来,至少会比客户亲手设计的方案节省20%。听到这里,客户不置可否地笑了笑,并且不自觉地挑了挑眉毛,抽动了一下嘴巴,流露出不相信的神情。

阿建当然清楚客户这一表情背后的含义,他知道客户不相信他,于是,他拿出计算机和纸笔,为客户算起账来,他一边算,一边很有耐心地把一项项开支为客户列出来,并且和客户的设计方案进行了详细的比对,告诉客户哪些钱是可以省的,哪些钱是必须花的。算到最后,客户发现,原来阿建并没有骗他,他确实可以少支出20%的开支。在阿建耐心而细致的计算过程中,客户的眉毛渐渐地舒展开了,之前挑起的眉毛也放了下来,不仅眼含笑意,而且频频点头。

最终,客户接受了阿建提出的设计方案,从那以后,他还为阿建介绍了很多生意。

在这个案例中,客户为什么要挑动眉毛呢?其实,他这一微表情透露出的信息是:他对设计师阿建提出的设计方案不屑一顾,而且产生了怀疑和否定的心理。不过，聪明的阿建在看出客户这一心理后，很快找到了解决的对策。

我们都知道，在人的脸部，眉毛与眼睛离得最近，关系也最密切，因此，我们在分析脸部表情密码的时候，就不得不提到眉毛。在生活中，眉毛的表情达意功能非常强大，如果注意观察，就能通过眉毛传递的信息洞察别人的内心世界。

通常情况下，人们处于不同的情绪之中，眉毛的形态是不一样的：当一个人心平气和时，眉毛基本呈水平状；当一个人沮丧万分时，眉毛就会耷拉下来；当一个人非常生气时，眉毛就会倒立起来，甚至还会怒发冲冠；当一个人高兴时，就会眉飞色舞；当一个人遇到难题时，眉头就会紧蹙起来，紧缩不开……心理学家经过研究，发现眉毛的动态表达功能居然高达二十多种。

美国社会心理学家琳·克拉森对人们的面部器官进行了长期、细致的研究，被人们称为“读脸专家”。在研究中，克拉森发现人们的面部表情生动传神、非常微妙，而且，人们虽然可以控制自己的情绪，却很难控制自己的面部表情。因此，这些表情总是毫无保留地透露出一个人的所思所想。而在这些面部表情中，她认为眉毛最能表露一个人的心声。例如，当眉毛向下靠近眼睛的时候，表示一个人充满热情，非常愿意和身边的人友好相处。总而言之，从一个人的眉毛，能够看出他的心理状态。

很多情况下，人们在说话的时候都会做出一些微表情来强调所说的内容，这些微表情大部分也是下意识的，大多数人会选择用手部或者头部的运动来强调自己讲话的重点，但也有一部分人喜欢用眉毛。从上述故事中，我们可以得到一个启示:与人交往,如果对方挑动眉毛,那么,这表示他对你的话并不信任,此时,你必须表达出自己的诚意,以真诚感动对方。

心理启示:

尾毛斜挑的人,通常处于怀疑状态,那条扬起的眉毛就像一个问号似的,或者希望你主动偃旗息鼓,终止交易,或者希望你给出合理的解释。如果对方挑动眉毛,你必须表达出自己的诚意,以真诚感动对方。

频繁点头的人

在信息时代,我们时时刻刻都要从事一些商业活动,大多数时候,我们和对方打的是心理战,交涉一开始,就进入心理角力战,这时临场反应很重要,我们要顺利达到自己的目标,就得掌握奥妙的人性心理,并通过语言成功操纵对方的心理。

在商务活动中,可能你会遇到这样的情况:当你侃侃而谈时,对方不停地点头,这真的是认同吗?

一般情况下,“点头”表示同意,“摇头”表示否定,但实际上,点头的含义并不是那么简单,它包含两方面的含义,第一,就是表示“同意”或“关心”;第二,也可能表示“不关心”、“动摇”、“无聊”等负面的感情。我们不妨先来看下面的故事：

杨华在一家大型图书公司工作，她很热爱工作，不仅因为她在闲暇的时候可以看各种图书，还因为她为很多读者推荐了适合他们的书籍。

一天，她接到一笔订单，要和一家大型书店谈一笔生意，见面后，杨华发现对方的负责人是一个很年轻的女孩，她心想，身为同龄人，一定有不少共同语言。

接下来，杨华并没有直接谈起购书的事，而是先说时尚、服装、化妆品，令杨华感到奇怪的是，对方好像是个木讷的人，尽管她一直在侃侃而谈，对方也一直在点头，但却一言不发。

肯定是哪里出了什么问题，杨华边喝咖啡边想，啊，原来点头并不是同意，而是已经不耐烦了，杨华突然想起自己在心理学书籍上看到的这段话。可能对方是个与众不同的女孩，也许对方根本对这些大众女孩们喜欢的事不感兴趣。还是把话语主动权交给对方吧。

再接下来，她说："陈经理年纪轻轻就坐到这个职位了，肯定是个不简单的女孩，谈谈你的爱好吧。"听到杨华这么说，对方好像打开了话匣子一样，原来，她更关注小动物和盆景这类安静的活动，她经常去流浪动物协会帮忙做义工，她的家里还养了近百种花草。

"看来我没看错，你是个与众不同的女孩，你这么善良、有爱心，还心灵手巧，难怪能成为很多读者的购书导航呢。"杨华这样赞美她。

杨华注意到，对方再也没有频繁地点头了，看来自己找到了问题的症结所在，果然，谈话结束后，对方满脸笑意地主动提出成交，还称很高兴交到杨华这样的朋友。

我们发现,案例中的图书销售员杨华是个聪明人,尽管在销售之初,她因为没有把握客户的微动作的真正含义而差点儿失去一单生意,但庆幸的是,她发现了问题出在哪里,然后把话语的主动权交给客户,让客户谈起了自己感兴趣的话题,打开了话匣子,从而很好地帮助顾客做了决定,完成了销售目的。

这个案例也告诉我们,有时候,点头未必是赞同、认同的意思,相反,它表示的是不耐烦、不关心。那么,该如何分辨点头的具体含义呢?关键点在于点头的时机。例如,在一句话说完的间隙或者征求对方同意时,对方点头代表他“同意”。这是他感兴趣的证据,也说明他在认真听。

然而,如果对方不分时机地频繁点头,则很可能说明他对你的话没有兴趣,或者感到厌烦。他心里可能在想:“你赶快说完吧!”,也有可能是你谈话的思路与他预先所设想的已经偏离了,于是,他产生了动摇的情绪。他想通过点头的方式,催促你赶快把话说完,以度过这段无聊的时光。

了解了点头的含义之后,在需要的时候,我们也可以通过这种方式提醒别人注意他们所说的话。不过,当我们的内心产生“不关心”、“动摇”、“无聊”的情绪时,又不想让对方看透自己的心思,就要注意自己点头的频率了。如果无意识中频繁点头,对方就可能感受到我们的心情。

心理启示:

一般情况下,点头表示赞同,但如果对方像鸡啄米一样不停地点头,那么,你就需要注意了,他可能对你的话根本不感兴趣,只是希望你赶紧停止滔滔不绝的言论。

第十三章

洞悉职场达人微行为的真意

身处职场，我们都处于复杂的人际网络中，我们不仅需要和同事打交道，还有可能要和上司、下属甚至面试官交流，不同的人有不同的性格、不同的行为方式，需要我们用不同的方式面对，而这些，我们都能从对方的一些微动作中察觉出来，总之，我们只有先做到洞察他人的性格并善加研究各色各样的人物，才能在职场中左右逢源、游刃有余。

办公桌状态能看出一个人的工作态度

身处职场,每个人都会有一张办公桌,我们每个人每天也都要和办公桌打交道,一张办公桌如同一本书。办公桌上有什么内容,主人也就有什么内容。我们完全可以从一个人的办公桌看出他的个性和对工作的态度。

对此,心理学家做出总结:

1. 桌面整理得井井有条,抽屉整整齐齐的人

一般来说,这样的人无论在工作还是生活中都是完美主义者,他们做事严谨,办事有效率,生活有规律。

他们珍惜时间,不会把时间浪费在无谓的事情上,生活中精打细算。在工作上,他们有自己的追求,并且踏实、本分,坚持不懈,凡事喜欢做规划,并且按照规划做事。他们的缺点是,墨守成规让他们缺乏灵活性,一旦遇到意外,很容易感到不知所措。也就是说,他们的应变能力会显得不足。

2. 桌面、抽屉乱成一团的人

一般情况下,这类人的性格和他们的桌面一样,显得很随性,他们不喜欢按常规做事,做事毛毛躁躁、粗心大意,也不善于管理时间,经常会在一堆文件中寻找自己需要的,因此,他们做事效率低,常常犯错误、出乱子。

另外,他们行事冲动,三分钟热度,做事马虎,缺乏长远计划。尽管如此,他们随性的性格也为他们带来了好人缘,他们积极乐观,亲切热情、心无城府。能给周围的人带来积极的能量,适应能力也比一般人强。

3. 在桌面和抽屉摆满私人物品的人

他们会把自己的私人物品摆满整个办公桌。这样的人领地意识强,他们把办公桌当成了自己的领地。再有,这样的人往往公私不分,想问题和办事情常以自我为中心。不过,如果上司能把握这种人的个性,让他们从事能够发挥自己个性的工作,最后往往会取得意想不到的好结果。

4. 在抽屉里摆放一些纪念品的人

这类人一般比较重感情,虽然他们内向,没有多少朋友,却十分看重与仅有的几个死党的感情。也正因为如此,他们常常会因感情而受伤,甚至缺乏面对困难的勇气。

5. 桌面上收拾得很干净、整洁,但抽屉内却是乱七八糟的人

通常来说,这类人比较喜欢耍小聪明,他们不是没有智慧,只是喜欢投机取巧、喜欢做表面文章。他们性格大多比较散漫、懒惰,为人处世并不是十分可靠。从表面上看来,他们有比较不错的人际关系,但实际上,却没有几个人是可以真正交心的,他们内心很孤独。

6. 文件放置没有一定的顺序

这样的人大多做起事来虎头蛇尾,没有头绪。他们的注意力常常被一些其他的事情分散,从而无法集中工作,自然也很难取得优异的成绩。

事实上,任何一个职场人,千万别以为办公桌是你个人的"场所",想怎

么弄就怎么弄，精明的老板只要向你的办公桌瞟一眼，便能对你的个性了解十之八九。抽出点时间，对你的办公桌稍作整理，无论是糊弄老板还是糊弄你自己。

因此，在日常工作中，不妨也把整理办公桌当成工作的一部分吧。不管你有多么忙，也要把办公桌收拾得整洁、有序。在每天下班之前，把明天必用的、稍后再用的或不再用的文件都按顺序放置好。保持这个习惯，你的工作也将变得有条不紊，简单而快乐。

那么，接下来，让我们一起为办公桌做个"瘦身运动"吧！

如果条件允许，你可以选择一个"L"形的办公桌，因为它有较大的工作空间，电脑也不会碍手碍脚。用电脑时，转个45°就行了。

如果你经常把电脑主机也放到桌面上，那么，有五成的办公区域都已经被你浪费了，这会使你的工作面积变得很狭小，不妨尝试将主机放到地上，你的脚踢不到的地方。

主机这个笨重的家伙离开了你的桌面，还会觉得工作空间不够？接着清理吧！

扫视一下你的办公桌，那些东西真的是你所需要的吗？是不是有太多小文具，诸如铅笔、圆珠笔、公文夹、档案夹、订书机之类的东西，你的办公桌肯定有抽屉，将它们都扫进去吧！如果是公用的柜子，不妨在你的柜子上贴上自己的名字，这样就不会混乱。

再去看看你的文件架，将它们按照日期和月份分开放，待办文件和已办文件也要分类放置！

到该喝水的时候了，不要否认，你肯定做过这样的事，原本想去拿手边的一个东西，却不小心打翻了咖啡，弄得满桌子都是咖啡渍，甚至还洒到了衣服上，你又气又恼，但有什么办法呢？这是你自己犯的错误！要不换一下咖啡杯吧？你可以选择一个带杯盖的，这样，不但能保证咖啡的温度，还能避免咖啡洒漏。另外，如果你的确是个笨手笨脚的人，就买一个重量级、宽底小口、像金字塔般稳当当的杯子，这样它就会老老实实地待在桌面上。

是不是觉得有点不方便呢？再简单的办公桌也还是要把那些必备文具用品摆到手边的。

现在看来，一切都完美了，即使办公室突然停电，你也会找到想要的东西。最后，为了让你的心情更好，你可以将爱人或者孩子的照片放到你可以看得见的地方，简化办公环境并不意味着我们不能保持自己的个性！

心理启示：

办公桌上的摆设，最能显露出一个人的个性。办公桌是什么档次，主人也是什么档次。从某种意义上说，办公桌一直都是我们灵魂最忠实的守望者和停泊地。职场人士若想提高工作效率，就要从管理自己的办公桌开始。

观察考官，求职面试中的心理技巧运用

若想进入职场工作，就免不了求职面试这个过程。如何让考官点头同意是每个求职面试者需要做的工作。有人说，求职面试其实就像一次推销。当你面试的时候，你其实就是一名推销者。应聘者的目的是什么？——把自己推荐给考官，努力让自己被考官选择。推销者的目的无非也是将自己的货物推荐给客户，让客户选择自己的货物。因此，不难看出，应聘与推销在本质上是没有什么差别的。

然而，在这个过程中，如果能懂得一些心理学知识，懂得分析考官的微动作，便能掌握考官的心理，然后投其所好地表达，从而跳入考官的口袋，让他们“就范”。

具体来说，我们该怎样做呢？

1. 重视考官的微表情，适时调整话题或自己的观点

“微表情”不只是求职者的专有名词，考官也有“微表情”。求职者如果能察言观色，也可以洞察面试官的内心，并在面试中“投其所好”，适时调整或转换一些考官没有兴趣的话题或不赞同的观点。

人力资源专家认为，读懂考官的“微表情”，有利于在面试中及时扭转败

局。例如,有人说,面试时考官的右手总是撑在脸上,中指封在嘴上,食指伸直指向右眼角,左臂横在胸前,目光很少对着求职者,这样的肢体语言,基本可以表示他对面试者不感兴趣。

2. 善于沟通,避免冷场

不管出于何种原因,不会说话都是求职大忌,很容易让人怀疑你的能力。

往往面试开始时,应试者不善于打破沉默,而等待面试官打开话匣。面试中,应试者又出于种种顾虑,不愿主动说话,结果使面试出现冷场。即便能勉强打破沉默,语音语调亦极其生硬,使场面更显尴尬。实际上,无论是面试前或面试中,面试者主动致意与交谈,都会留给面试官热情和善于与人交谈的良好印象。

其实,我们不妨从"自我介绍"开始!介绍自己时不要结结巴巴,回答问题要理清思路,不能让人摸不着头脑,声音要洪亮,咬字要清楚,尽可能让沟通顺畅。这样说话,才会让考官觉得:这名求职者很自信,表达到位!这对面试过程的顺利进行是极有好处的。

然后你可以寻找一些感性而轻松的话题,最好能火眼金睛地看出面试官的一些兴趣。比如,小麦色的皮肤说明他很爱户外运动,说话中明显的e时代特色告诉你他也是网络一族,试着和他聊一聊。记住,在聊天的过程中,要对他的话作出及时的反应,说一些不会令自己"死机"的话,这样可以使他提升对你的兴趣。

3. 语言要形象生动、富有情趣

在面试交谈中,应试者每时每刻都应该使自己的语言形象生动,富有情趣。如果交谈者情理相容,讲出的话带有感情渲染的风味,不呆板,会给考官一个精明强干的印象。语言表达要简洁、清晰、直率、准确。切记不要用模棱两可的话语或模糊性语言,不要卖弄学问。针对问题,回答要干脆利落,使考官产生一种舒适感。

4. 巧妙回答一些尖锐的问题

①考官问你:“为什么你直到现在还没有找到工作?”

如果按照诚实原则,你应当回答:“现在找工作太难啦,我看上人家,人家却看不上我。”而按照恭维原则,则应当回答:“我对我以前的工作不太满意,所以我辞职之后进修去了,参加了一些培训,读了一些书,现在我终于知道我应当去哪里了”,以此恭维应聘公司是一个有档次的地方,只有那些知书达理的人,才会认识到它的价值。当然,这个问题也可以这样回答:“我对选择工作是非常挑剔的,我不想随便找一个没有挑战性的工作”,以此恭维应聘公司是一个有挑战性的地方。面试官作为该公司的代表,也自然乐意接受这样的恭维。

②考官问你:“你为什么要辞去以前的工作?”

如果按照诚实原则,你应当回答:“我跟经理合不来,他快把我逼疯啦,我必须离开。”但是这样回答之后,你肯定会给人事经理留下一个坏印象:这人可能是一个不太合群的人,他既然跟以前的上级合不来,说不定跟以后的上级也合不来。

③考官问你:“你想要多少薪水?”

如果按照诚实原则,应当回答:"月薪五千。"而按照恭维原则,则应当回答:"我会考虑您能提供的最高薪水",以此恭维应聘公司有鉴赏力和洞察力,能够根据一个职员的能力和经验,支付相应的报酬。

心理启示:

求职面试的时候,知己知彼才能百战百胜,每个人都有爱听好话的习惯,考官也是如此。我们只有学会观察考官的微动作,了解考官的心理,才能说出令考官感到悦耳的话,打动考官的心,进而赢得他们的好感。

面试中禁忌的一些微动作

我们都知道,面试是每个求职者的必经之路。既然要面试,就免不了与面试官打交道,考官考察的是面试者的多种能力,不同的能力自然能够为求职者带来不同的面试机会。但需要明白的是,即使你再有才华,经验再丰富,在面试过程中,如果你不注意收敛自己的一些小动作,你也可能被踢出局。毕竟,每个考官的眼睛都是敏锐的,他们能从你的微动作中察觉出你的一些缺点,进而对你产生不良印象。我们先来看下面的故事:

章飞是某大学的大四学生,学习人力资源管理专业,还有半年就要毕业了,所以他开始找工作。一个偶然的机会,他听说自己向往已久的一家大型国企招聘人力资源主管,因此便抱着试试看的心态投递了简历。虽然这家公司想招聘有工作经验的人,但是,由于章飞的条件比较好,所以还是给了章飞一个面试的机会。

机会来之不易,看着黑压压的面试人群,章飞十分紧张。面试分为初试和复试,因为准备充分,章飞顺利地通过了初试。他欣喜若狂,觉得自己离心仪的工作又近了一步。复试的时候,由总监亲自当考官,不过,没有什么设计好的问题,只是看似随意的交谈。总监很和善,章飞在总监的引导下,有条不紊地回答着总监的提问,心情渐渐放松了。不知不觉之间,他把手插到了裤兜里,和总监侃侃而谈。不一会儿,谈话结束了,在章飞离开之前,总监淡淡地提醒他道:“小伙子,我认为你各方面的条件都很好,虽然没有工作经验,但却是个可造之才。不过,我想提醒你,下次面试的时候千万不要把手插在裤兜里!”听完总监的话,章飞的心凉了半截,他知道自己已经失去了这个千载难逢的工作机会,而唯一的原因就是他不合时宜地把手插到了裤兜里。

我们每个人都会有一些习惯性的小动作,但在面试中,无论你和面试官谈得多么融洽,都不能忘乎所以。故事中的章飞,如果不是因为忽视了手插在裤兜里给人的不良印象,怎么会与心仪已久的工作失之交臂呢?

那么该如何避免在身体语言上犯错呢?以下是一些能令你失去工作机会的错误的身体语言:

1.不可套近乎、侵犯对方的个人空间

每个人都有“领地”意识,对方毕竟是面试官,不要站得太近,当然也不要拥抱他们。

2. 握手时软弱无力

你应该做的是，站起身来，自信地走向你的面试官，然后面带微笑，与其进行眼神交流。

专业的招聘人员曾说："握手时千万不能软弱无力，但你也需要记住，力度也不可调大，好的握手的诀窍是手掌与手掌接触。伸出你的手，将手自然滑落到对方的手掌范围内，让手掌与手掌相接触。与对方大拇指紧扣，与对方施用同样的力道。"但记住合适的力道因文化不同会有所差异。

3. 交叉双臂

这样会使得你看上去显得很自我，且有防备之嫌。如果你能在交谈时选择用双手来做一些辅助，那么，你的表达就会有激情多了。

4. 不良的姿势

坐姿要挺拔，不对称的身体语言会让你看上去局促不安或不诚实。

5. 拨弄头发

虽然它能让你减轻一些压力，但会显得很孩子气，而且，这样也会分散面试官的注意力。

6. 缺乏眼神交流

面试时，偶尔移动眼神是很正常的，但当面试官与你交流时，请一定要与之进行眼神交流，要将眼神交流视为一个联系工具。

7. 坐立不安

不要摸你的脸、摆弄口袋里的零钱或咬指甲。坐立不安既令人分心，也是焦虑的一种表现。

8. 表现出不感兴趣的样子

“如果你面部表情丰富，这没有关系。”专家说。“这使你更讨人喜爱。”但是，要注意你的面部是什么表情，在面试过程中也不要看手表或手机，这样容易表现得紧张或不友好。要保持淡淡的微笑。

9. 隐藏你的双手

不要坐在你的双手上，也不要把双手藏在你的大腿中间，要把手放在椅子扶手上或桌子上或用来做手势。手势能使你看上去更具表达力，面试官通过关注你的双手能读出你有多么敞开心扉和诚恳。

心理启示：

面试过程中，一个人的实力和自信都能通过身体语言来传达，包括你的紧张程度，以及你有多么开诚布公和诚实。但需要记住一些面试中不能做的小动作，它们会让你在面试官心中减分。

火眼金睛，一步到位看清周围同事的性格

身处职场，我们随时都处于复杂的人际网络中，只有知道如何洞察他人的性格并善加研究各色各样的人物，才能在职场中左右逢源、游刃有余。因

此,任何一个职场人,都要学会把心理学运用到职场人际关系中。我们先来看下面的故事:

学商务英语的小雅大学毕业后经家人介绍进入了一家外企的公关部工作,她的表姐是这家公司另一部门的主管,来公司报到的第一天,大家对她都很热情,当时,小雅心想,同事们真好。

这天下班后,表姐就找到小雅,问她和大家相处得怎么样,小雅说:"大家对我都很好啊!"

"知人知面不知心,你得留个心眼。当然,有些同事是不错,不过有些人可就是牛鬼蛇神了,当着你的面,他们对你热情,背后就不知道干什么了。"表姐说。

"那我该怎么办啊?"小雅着急地问。

"在一个星期内看完这本书。"表姐丢给小雅一本《心理学与微动作》。接着对她说:"学会自己看人,很多小动作都是内心活动的显现,以后你要走的路还很长,看清那些同事们的性格,找到最合适的与他们相处的方式,你才能在这个大公司很好地生存和发展。"

"嗯,我明白了……"

这则故事也给了我们一定的启示——要读懂周围的同事。对于那些工于心计,总是处心积虑探听别人的内心世界,而从不把真实面目露给世人、懂得周旋于同事和老板之间处于交际中主要地位的同事,你一定要有所提防,不要被他所利用,成为他社交布局中的一颗棋子;而对于那些嘴巴好似抹了蜜,但当面一套、背后一套的同事,你最好是敬而远之,能避就避,能躲就躲；对于那些得理不饶人、说话刻薄、好揭人短的同事，则要与他拉开距离，尽量不去招惹他，不恼不怒，与他保持相应的距离……

职场只是社交中的一个小部分，往大处看，在与人相处的时候，更要具备一定的洞察力，一步到位看清对方的性格，例如，从难以伪装的习惯动作看出对方的心态，从被忽略的生活点滴推知对方的性格，这样才能在最短的时间内达到我们的社交目的。那么，在与人交际的过程中，大概要从哪些方面识别一个人的性格呢？

1. 通过谈话来识别

语言是性格的最好体现，在不到三分钟的交流中，就能大致看出一个人的性格，那些侃侃而谈的人属于性格外向型；那些谨慎措辞的人一般做事小心；那些喜欢谈论生活点滴的人性格稳定；那些说话颐指气使的人可能习惯了支配下属；那些说话音调高的人，往往性格浮躁、任性……

2. 通过外表和装扮来识别

首先是色彩上，通过服装颜色可以加深对一个人的了解，性格豪放热烈者一般喜欢大红色，他们一般表现欲强，不拘小节；而经常穿橘黄色服装的人常常是热情好客的，他们的性格色彩是温暖的；喜欢淡蓝色服装的人通常是逍遥超脱者；而常穿翠绿色服装的人许多是高雅者，当然其中也不乏颇为清高的人；总穿深灰色服装的人肯定是在思想上较为保守、办事稳重沉着的人。当然，这些都只是一种倾向，并不能给一个人的性格定型。

其次就是装扮的档次、品位等。一个注重服装品位的人同时也很注重个人修养，一个追求高档次服装的人在经济上应该有一定的优越感，同时，也很注重外表。

3. 通过握手方式来识别

握手是社交活动和商务礼仪中不可或缺的一部分,美国心理学家伊莲嘉兰曾对握手的含义进行了分类,认为握手有 8 种类型,每种类型都代表着不同的含义,显示出不同的性格。

当然,这些只是看清他人性格所用方法的一部分,都能帮助我们在第一次接触、在最短的时间内看透一个人,察觉其心态,洞悉其真实意图,帮助我们成功社交。

心理启示:

现代社会的职场人士,除了要具备一定的职业能力,还必须学会怎么和同事、上司相处,因此,在我们进入职场的第一天,就应该仔细观察,从各个方面弄清楚每个人不同的性格,给自己打好不同的预防针。

喜欢双手叉腰的同事内心强势

在工作的周围,你是否发现个别同事或一些同事,总有个标志性动作:站在他人身边,总喜欢双手叉腰,那么,这类人的性格是怎样的呢? 对此,我们不妨先来看下面的故事:

某幼儿园招聘老师，这天，有两位应聘者来到了园长办公室，一男一女，看过二人的简历后，园长很满意地点了点头，因为他们都有好几年的从业经验，而且都很优秀。这让园长犯愁了：现在幼儿园只需要一名老师，该选谁呢？

不过，有着丰富的识人经验的园长最终淘汰了那个看似很温柔的女孩。事后，很多老师都不明白园长为什么这样选择。

“难道是因为幼儿园都是女老师，需要调剂一下？”有个老师这样开玩笑。

“好吧，跟你们分享一下，他们两个人都挺优秀，但那个女孩可能不大适合和小朋友相处，他们来到办公室后，我就留意到她的一个姿势：总是用手叉腰。即使坐下来，她也还喜欢这样，我以前阅读过一些识人心理方面的书，这类人一般都有强烈的控制欲和支配欲。当然，我不能仅凭这个姿势就给一个人下定论，后来，我研究了一下，她虽然做了很多年的幼儿园老师，但在每个幼儿园的时间做得并不长，最长的也不过三个月，我想，她是一个热爱幼儿园工作的女孩，但可能在与孩子的相处过程中并不愉快吧……”

在这则故事中，这名幼儿园园长是善于识人的，他在发现应聘者有双手叉腰这一习惯性动作后，初步判断出对方是个强势的人，然后，通过对对方简历的分析，他更确定了自己的判断。的确，一个与孩子相处不好的人又怎么适合做幼儿园老师这一工作呢？

由此，我们不难得出，双手叉腰，双肘向外，这是古典体态语，象征着命令，同时也意味着在与人接触中，他更希望自己可以支配别人，有强烈的领导意识。

另外,在某些场合,叉腰姿势也会导致对别人的冒犯。例如,第二次世界大战结束时,在接受了日本人的投降后,道格拉斯·麦克阿瑟将军站在日本天皇旁边,拍了一张照片。天皇站在那里,小心翼翼地把双手置于身边,不敢造次,而麦克阿瑟将军却把手置于髋上。日本人把这个漫不经心的姿势视为大不敬的标志。

我们可以看出,当与别人聊天时,你的一些小动作很容易泄露你的潜在态度。当然,在某些情况下,双手叉腰也能帮助我们宣誓主权和自己的立场,让我们看起来更有支配欲。

那这一动作的心理动因是什么呢?从起源上来看,可能是源于面对敌人时,把双臂张开或者插在腰间,以扩张自己正面的面积来恐吓敌人。这只是一种猜测,但是自然界中有很多生物都是以这种方法御敌的,所以不排除这样一种假设。如果假设成立,现代人习惯性地做这种姿势,表明他是一个在生活上强势的人,在各个方面或者某一方面咄咄逼人。但反过来说,这种姿势也可以传达出掩饰在内心的不安和怯懦。道理很简单,越是内心不强大的人,越是会找出各种方法来掩饰自己,这是性格上的两个极端。这两种性格的心理动因都是相似的。

总之,我们能总结出一点:双手叉腰这一动作暗示的是强势心理,有进攻意味。职场中,与喜欢叉腰的人打交道时,需要根据具体情况,找到具体的应对策略。例如,如果他是领导,你最好顺从他,听从他的指示办事;而如果他是你的同事,则不必忌惮他,不要被他的“花架子”所吓倒,你需要告诉自己:他只不过是只纸老虎,气场不足才会有这样的动作,进行这样的心理暗示,会让你更有底气。

心理启示:

双手叉腰,在很多文化里都表示愤怒、挑衅,或者辅助质疑,总之在身体语言里,双手叉腰是一种强势的符号。

从上司的眼神看其态度与心情

身处职场,我们每个人都有自己的上司,都免不了要与上司打交道,是否懂得在正确的时机说对的话、做对的事,事关我们的职场命运,而要做到这一点,就需要我们细心一点,学会观察,分析上司的心思。例如,如果你想提升职、加薪的事,那么,最好选择上司心情好的时候;如果你发现上司绷着脸,那么,最好不要向他提及一些可能会加重他负面情绪的事。事实上,上司的心情与态度如何,我们都能从他的眼神里看出来。

邱斌是一家大型健身器材公司的业务经理,可能是他本身性格的关系——老实本分,不善言谈,他带领的团队业绩一直不理想。面临销售瓶颈,他的直属上司给他下了一个死命令——必须做出新的销售方案,解决当下的销售问题,苦思冥想后,他终于做出了一套新方案。在他向上司汇报工作方案并征求意见时，上司却让他自己去找解决办法。可见，邱斌的方案并没有让上司满意。令邱斌感到不解和气恼的是，他明显感觉到最近一段时间，上司最近好像跟自己有仇似的，即使是别的部门出现了一些问题，开例会的时候，上司也总是拿他出气，这些情况传到下属耳朵里，让他很没面子。

邱斌思前想后，自己并未得罪过上司啊，他为什么几次都拒绝自己的销售方案，也不给一点意见呢？他到底想怎样？邱斌觉得自己肯定是要被炒鱿鱼了，想到这些，他就烦躁不安。于是，他决定豁出去，跟上司摊牌。

这天，邱斌坐在自己的办公椅上，远远看到上司笑眯眯地进了办公室，连眼神都在放光，他心想，上司今天应该是遇到什么好事了，看样子心情不错，于是，他鼓足了勇气敲开了上司办公室的门，并表明自己有一些不解要请教。上司请邱斌坐下后，他告诉上司，他很喜欢这份工作，也很热爱自己的团队和公司，更希望在上司的带领下好好发展和提高自己，并把公司的销售业绩上升了一个新的台阶，同时也希望自己可以帮助上司一起将公司发展壮大。上司一听邱斌有这样的想法，高兴地直点头。邱斌一看上司已经在心理上接受了自己，就开始慢慢诚恳地陈述自己最近心头的一些疑惑，希望上司能真心地帮助自己，并给自己今后的工作方案之类的东西以更为明确的指示和指导。

听到这里，上司明白了邱斌的真正来意，哈哈大笑，然后他说："你每次让我给你提建议时总是笼统地问这个计划行不行、那个问题怎么解决，由于我不在第一线，所以没办法给你具体的指导，只好叫你自己去找办法了。"

这次开诚布公的面谈让邱斌明白了自己与上司沟通不畅的症结所在。

他知道是自己诚恳自然的表达让上司了解了自己。这时,他一下子感觉到了轻松,原来的困惑与不安都被抛到了九霄云外。

故事中邱斌的做法很明显是对的,也是值得学习的。首先,他是个懂得察言观色的下属,根据上司的眼神,他发现上司的心情不错,于是,他便趁此机会与上司沟通,当他诚恳地要求主管领导一步一步、仔细具体地告诉他正确的做法和方向时,领导也进入了角色。如此开诚布公的交谈,会使上下级之间的关系变得更紧密,于人于己都有益。

有人说,每个领导的眼睛都是雪亮的。的确,此话不假,也许他早已经看到你,认为你是个值得培养的人才,也许他正在寻找机会考验你,也许他正想为你安排一个重大的任务,也许他正想给你一个培训和学习的机会,为你的职业生涯发展提供条件。但实际上,很多领导日理万机,不可能对每个员工的动态都能做出准确的判断。那么,这就更需要我们学会察言观色,摸清领导的心理,然后选择合适的机会与领导沟通,表现自己,进而达到我们的目的。

心理启示:

身在职场,如果想赢取领导尤其是老板的钟爱或信任与重用,视你为心腹或常相左右的得力助手,就需要懂得观察领导的微动作、微表情,学会从领导的眼神看其心情和态度,找准时机与领导沟通,你将会获得莫大的助益,从而在职场上一帆风顺、扶摇直上。

第十四章

情场男女微动作的心理分析

爱情估计是世间最为美妙的东西,因此才会有那么多的人不断地追求与向往。爱情也应该是人世间最美好的一种情感,所以才会让人品味到一种难以言传的幸福。然而,无论是谁,即使他再强大,面对感情,也会脆弱。爱情中的男男女女,都会费尽心思去猜度对方的心思,其实,观察对方的一些微动作,就能帮你在第一时间了解对方的想法,洞悉对方的内心,这样,在爱情中,你便能掌握主动,从而让爱情更甜蜜、融洽和快乐!

情侣微心理:感情越是受阻,关系越是亲密

自古以来,美好的爱情都是人们所向往的,谁都希望能与自己的爱人共结连理。然而,在现实生活中,由于种种原因,不少人的爱情都遇到了来自各方面的阻力,而在阻力面前,这些人反而更加坚定了自己的信念,这是为什么呢?我们先来看下面的故事:

有这样一对情侣,他们大学时代就相识。刚开始的时候,男孩的父母是表示强烈反对的。因为男孩是家里的独子,父母一心想让他大学毕业后回到家乡内蒙古工作。而女孩也是家里的独生女,她的父母也想让她大学毕业后回到家乡广东工作。这样一来,双方的父母头都大了,到底去谁家好呢?最合乎理想的,就是男孩大学毕业后先回到老家找一份稳定的工作,然后在本地找一个知根知底的女朋友,按部就班、万无一失地结婚、生子、过日子。但是,男孩显然不愿意听从父母的建议。

其实,男孩的父母心里很清楚,自己的儿子从小就主意正,自己拿定主意的事情很难改变想法,而且,男孩的逆反心理很重,如果父母说得不合他的心意,他就会坚定地选择与父母对着干。因此,父母思来想去,虽然表示了强烈的反对,但却一直没有采取具体的行动,因为他们害怕起到相反的效

果,事与愿违:万一儿子一生气决定去女友家乡发展了呢?

男孩是个聪明的小伙子,他知道父母肯定也想到了这点,于是,他和女友商量好,哪里都不去,就待在他们读书的城市——北京,并且,他也让女孩这么跟家里"斗心",当他们把想法都告诉双方父母时,没想到四位老人都同意了,并且,他们还建议两个孩子再读个研究生,以后在北京落户也方便些。男孩喜出望外,马上采纳了父母的建议。

其实,男孩敢于和父母对着干,是因为他了解自己的父母,他们害怕自己的儿子因为逆反而一气之下去广东。而当得知儿子做出了留在北京的决定之后,男孩父母的一颗心终于落了地,毕竟北京比广东距离内蒙古近多了,而且儿子也不用去适应广东那与内蒙古截然不同的环境、气候与饮食习惯了。老两口自我安慰道:如果儿子能在北京落户,不也很好吗?想儿子了就可以随时去看看,比去广东方便多了。而男孩的心里也是美滋滋的,得到了父母的谅解与支持,他与女友的爱情就显得更加美满了。

真可谓"有情人终成眷属",这样的结局是我们渴望看到的。让我们感到欣慰的是,面对父母的反对,这对情侣选择了"曲线救国",攻心为上,而不是放弃这一段已经维系多年的感情。

那么,面对外界的阻力,为什么大部分情侣之间的关系会更亲密呢?这是因为人们都有害怕失去的心理。

有人问,人生在世,最珍贵的是什么?长久以来,大多数人认为世间最珍贵的东西是"得不到"和"已失去"。人们常说得不到的东西才是最珍贵的。是啊,因为得不到,所以我们才憧憬,才梦想,才终其一生去追求。哪怕像飞蛾扑火，哪怕像空中楼阁，哪怕像懒汉仰头等待天上掉馅饼，哪怕像沙漠行者奔跑着扑向海市蜃楼。因为得不到，我们会怅然若失，会绝望，会撕心裂肺的痛。这种感觉会深刻地印在我们的记忆中，挥之不去，会时时困扰着我们的思想，影响着我们的生活，搅得我们寝食难安。我们念念不忘得不到的东西，于是便认定它才是最珍贵的。任何一个人，都希望自己的爱情顺利、婚姻幸福，然而，人们总是会遇到一些不和谐的因素，此时，就需要男女双方共同努力、共同经营，而不是轻易放弃。

当然，无论是爱情还是婚姻生活，都是需要我们用心经营的，相爱的双方能够走到一起，是需要付出努力的，如果你的爱情受到了某种阻力，请千万不要轻易放弃，要寻找积极的方法解决，最终你将会收获幸福的婚姻。

心理启示：

一般情况下，长辈和父母越是反对儿女的感情，两人之间就越是会站在同一阵营，彼此之间的感情也会更深。就是说，如果出现干扰恋爱双方爱情关系的外在力量，恋爱双方的情感反而会更强烈，恋爱关系也因此更加牢固。从心理学的角度看，这是因为，越是得不到的，人们就越是渴望。

从购物、逛街的方式看爱人性格

现代社会，我们的生活物资，多半都需要我们从逛街、逛商店中获得，很多女性朋友，更是把逛街当成了一种必不可少的活动。看着街上琳琅满目的商品，让人眼花缭乱的漂亮服饰，她们的眼睛就开始亮起来了。其实，逛街也是一种生活习惯，我们可以通过逛街读懂身边的人，尤其是对于我们初相识的感兴趣的异性或者是你的恋人，如果你想深入了解他，不妨带着他一起去逛街。我们先来看看下面的故事：

小周和很多男性一样，很不喜欢陪女朋友去商场逛街，通常来说，他逛街只会购买自己需要的东西，并且，他会以最快的速度离开，但偏偏女朋友喜欢逛街，而且一逛就是好几个小时，总是在几个商铺之间走来走去，只要看到好看的衣服，她就会试穿，这还好，最让小周吃不消的是，女朋友最爱去的还是化妆品柜台，看看这个，试试那个。虽然导购小姐嘴上没说什么，但是那眼神让小周见了就暗暗后怕。

即便如此，只要女朋友提出来，小周都会陪她逛街，女朋友买什么，他就拿什么，而且，无论何时，他都会拉着女朋友的手，让女朋友走人行道。他周围的朋友都说：小周绝对可以说是新时代少有的好男人。

看完这个故事，如果你是一名女性，你可能也会有这样的感触：小周这样的男朋友真贴心。的确，要想了解你的爱人的性格，逛街就是最好的方式之一。

通常来说，在购物习惯上，女人多半是为了享受过程，而男人则是为了获得结果，这也就导致了很多男人在逛街时受不了女人浪漫的过程，他们多半都会直奔商店，挑到合适的东西就立即走人，绝不多逗留片刻，在他们看来，在那种嘈杂的地方待上一段时间是一种痛苦的折磨。而女性的购买心理，则是东看看西看看，到处挑选，问了价钱却不愿意掏钱购买。

也就是说，在购物的过程中，如果你的恋人愿意迁就你的习惯，便能证明他是在意你的。

除此之外，从逛街习惯，我们还能了解到：

1. 以逛街作为一种兴趣爱好

这一点，在女性身上体现得更为明显，就如同故事中小周的女朋友一样。当她们感到工作压力大、心情不好时，便会选择逛街来发泄。所以，她们逛街的目的并不是购买东西，而是喜欢那种由逛街的过程带来的轻松心情。

2. 逛街目的性很强

与第一点相反，这一购物方式更多地体现在男性身上。在逛街之前的一段时间，他们会有一种意识：我需要购买某某东西了。然后，他们会列出清单，选择一个空闲的日子，直奔商场，按着清单购买东西。这样的人有着较强的组织能力，做事有步骤、有原则、有计划，不然他们会失去安全感。

所以，他们的随机应变能力比较差，在面对突发状况的时候，常常不知所措。这一类人记性比较差，需要有人不断地提醒他们，在什么时间去做什么事情。

3. 喜欢逛那些经常打折的商场

这样的人一般不会冲动消费，他们进入商场后，会根据自己的爱好，选择一些打折商品，他们大多比较现实、懂得精打细算地过日子，会把节省下来的钱用到其他事情上，但通常，他们也会做出一些不理智的购买行为，例如，会单纯考虑到便宜而买到不实用的东西。一般来说，他们的性格比较固执，无论是购买东西还是其他事情，都不大能听得进去别人的意见，即便有一些共同的协商，最后他也还是会摒弃他人的想法，把自己的想法坚持到底。

4. 喜欢与家人一起逛街

他们会选择全家人都有空的时间，然后一起吃饭、喝茶、逛街，在他们看来，重要的不是买东西，而是享受天伦之乐。他们比较传统，家庭观念很浓厚，做任何事情，都会取得家庭的同意，以家庭为出发点，他们整天的生活都在围绕着家庭转。表面上看，这样的人好像比较古板，但他们却很满足这样的生活。当然，在购买物品时，他们也会为家人购买那些需要、实用的东西，而不是购买华而不实的商品。

心理启示：

不同的人，有着不懂的逛街目的和逛街方式，有些人仅仅把逛街当作一种放松的方式，可以一个人毫无目的地在商场散步几个小时而什么都不买；

有的人逛街目的性很明确，想购买什么就直奔商场，挑中喜欢的就马上付款；还有的人喜欢和家人逛街，因为他们更愿意享受那种温馨的氛围。其实，这些看似很常见的逛街方式，却可以折射出一个人的真实性情及性格特征。

嫉妒真的是爱情的印证吗

有人说，爱情是自私的，恋爱中的人也是盲目的，当一个人深爱着另一个人时，就会产生嫉妒心，但嫉妒真的是爱情的印证吗？我们先来看下面的故事：

从前有个叫刘伯玉的人，他的妻子断氏是个典型的妒妇。一次，刘伯玉在看完曹植的《洛神赋》后，不禁赞扬洛神之魅力，没想到，断氏听到后，非常气愤地说："君何得以水神美而欲轻我？我死，何愁不为水神？"原本刘伯玉以为这只是气话，谁知道，她真的投水了。后来，人们便把断氏投水的地方叫"妒妇津"，相传凡女子渡此津时均不敢盛妆，否则会风波大作。

这个著名的故事反映了爱情中普遍存在着的嫉妒心理。那么，什么是嫉妒呢？嫉妒是指个体和另一个人之间已有的某种重要关系面临丧失，而被第三者得到时，个体所体验到的一种情绪。最为常见的嫉妒往往出现在

恋情关系中。当然,在恋爱的不同阶段,人们嫉妒心理的表现是不同的:

在恋爱初期,也就是萌芽阶段,当一方感受到来自对方的爱时,他(她)都会有一种幸福的感觉,但转念一想,他(她)会产生疑问:他(她)有没有也这样对另外一个人好呢?也爱到这种程度吗?即使双方已经实实在在地成了难舍难分的情侣,也还不满足。如果一旦知道自己的情人曾同别的异性有过较亲密的接触和感情上的交流,便耿耿于怀。这是一种对恋人的过去的嫉妒。当两人的交往日渐增多,成了生活中不可缺少的一部分时,双方开始对对方的言行举止比较注意,而一些细小的事情或行动,常常容易招来疑惑,引起嫉妒。

有一对恋人就是这样,某天,男人下班路上遇到以前的女同学,碰巧,他们住得并不远,于是,他们便边聊边走,谁知道,第二天,女人知道了这件事,妒火顿生,怀疑他们以前彼此有过好感,任男友怎么解释也不听。后来,这股妒火终于把她和男朋友纯真的感情烧伤了。

恋爱中的人们大多数都是敏感的,一些人在听到自己的恋人与其他异性有接触或恋人在自己面前夸其他异性时,便很容易产生嫉妒、猜疑。如果恰巧这时,恋人又为自己辩解或坚持自己的想法,那么,另外一方肯定更加坚信自己的判断。在这种情况下,她(他)往往要产生一种"缠住他(她)"的心理,企图以此减轻内心的不安。这种情形在女性中较常见,是恋爱进入后期容易产生的一种嫉妒。

其实,嫉妒也不只是女人的专利,恋爱中的男女双方都有,只是表现方式不同而已。假如同样是因为第三个人而出现嫉妒心理,那么,女人的做法是转嫁矛盾,会把愤怒转移到那个女性身上,认为她是破坏他人幸福的狐狸精,而男人的做法则是直接对女友发泄,认为其感情不专一。

事实上,在多半情况下,嫉妒给恋爱中的人们带来的是负面的影响,尽管这样,一些人还是很享受甚至故意制造出让对方产生嫉妒之心的事件。

曾经有一项针对大学生恋爱的研究表明,三分之一的年轻女性和五分之一的年轻男性都与其他人打情骂俏或者谈及前任伴侣的事情,试图以此得到现任爱人的关注并借此加强他们之间的关系。但不幸的是,在多数情况下这些策略实际上并没有收到效果,反而伤害了两人的关系。

心理学对爱情嫉妒的产生有着不同的解释。其中一种观点认为嫉妒是人格上的一种倾向性,认为人与人之间的嫉妒表达的差异在于个人的嫉妒人格特质的不同。

其实,恋爱中的嫉妒心理,源于私有制,它是占有欲的一种表现。在嫉妒者看来,既然我俩相爱,你就是属于我的,一切必须以我为核心,否则,就是对我不专一。爱情当然必须忠诚和专一,但忠诚和专一并不等于一方对另一方的"占有",爱情应与社会和事业联系在一起,如果撇开大千世界,让恋人整天围着"我"这个轴心转,不仅不现实,而且这种爱情是苍白的。

另外,嫉妒心强的人,出轨的欲望也很强。人在想做某件事时,也会感觉别人同样想做这件事。这在心理学上称为"投影"。也就是说,嫉妒心强,内心会猜疑:"她(他)是不是想出轨?"而背后隐藏的心理是"因为我想出轨,所以她(他)肯定也在想同样的事情"。所以,有时候,那些嫉妒心强的人,并没有找到嫉妒心的真正起因,反而认为这是深爱对方的表现。

许多事实都说明，嫉妒是对爱情的一种破坏，是笼罩在恋人间的一层阴影。当嫉妒发作时，人们往往会失去理智，做出一些后悔莫及的蠢事来。古往今来，由嫉妒而造谣中伤者有之，自杀者有之，杀人者有之，毁物者有之。嫉妒就是这么个东西，实在有根除铲尽的必要。

因此，在恋爱过程中，一方产生嫉妒后，不要采取简单粗暴的做法，将深情的爱连同嫉妒的污水一起泼掉，而应当进行细致、合情、入理的“冷处理”，让嫉妒造成的不幸裂痕在真诚的尊重和体贴中得到愈合。

心理启示：

嫉妒并不是爱情的见证，它往往与一个人的个性、心胸宽窄有很大的关系，气量小的人容易产生嫉妒。因此，抵制和根除嫉妒，最根本的就是要加强学习和修养，培养宽阔的心胸，高尚的情操。

怎样看出她是否情感“走私”了

我们都知道，婚姻中，感情最大的杀手就是外遇，但男女双方，无论是谁出了轨，肯定都会做得非常隐秘。尤其是女人，对于外遇会更加小心谨慎。你的妻子是否有外遇，从她口中是很难得到正确答案的。但是，凡事都有征兆，就像下雨前蚂蚁搬家一样，做丈夫的要留心看你的妻子是不是表现反常，以判定她是否有外遇。我们先来看下面的故事：

小蔡和丈夫小张大学时候就开始恋爱了，毕业以后，两人顺利步入了婚姻的殿堂，可以说，他们是周围同事、同学、朋友羡慕的模范夫妻。小张是个体贴的男人，在学校的时候，他就一直充当着大哥哥的角色照顾小蔡，而且无微不至。而小蔡则像一只温柔的小鸟，总是依偎在小张的身旁。

婚后，小张提出自己创业，并要努力为妻子换个大房子。于是，他们便把几年的积蓄拿出来，开了自己的公司。从此，小张起早贪黑地工作，常常应酬到半夜才回家，然后倒头就睡，偶尔早回家，也是埋头查资料、写方案。

小蔡变得孤独了，刚开始，她总是在丈夫身边，希望丈夫和自己说说话，但丈夫太忙了，他期盼着成功，期盼着为妻子提供高品质的生活。然而，小蔡对丈夫并不理解。

久而久之，小蔡开始出去结交一些朋友，后来，她通过朋友的介绍认识了一个健身教练，小伙子干净、阳光、贴心，小蔡很快被他俘虏了。

有了新恋情后的小蔡好像换了个人似的，每天都打扮得光鲜亮丽出门，晚上很晚才回来，有时候就打电话告诉丈夫自己睡在好姐妹家了。而她再也不在小张身边唠叨了，小张是个大大咧咧的男人，对妻子的这些异常并没有在意。

一次，下班回家，等电梯时，隔壁邻居王大姐说："张先生，你工作很忙吧，不过你还得多关心你太太啊，你知道，你太太那么漂亮，一个人很容易被人惦记上的。"小张听得出来，这是话里有话。

晚上回家后，小张综合考虑了一下妻子最近的表现，她肯定是有外遇了,想一想,自己真是疏忽了……

我们并不知道这个故事的结局,但从这个故事中,可以看出,一个女人,如果有外遇了,她必定会露出一些破绽,例如:

1. 她突然很会穿着打扮

如果你的妻子曾经是个家庭主妇,经常在家不修边幅,而现在却经常会穿着光鲜的衣服出门,还会经常买一些性感的内衣或者是晚上回家后穿着新买的内衣,那么,你就要警惕点了。

2. 行踪可疑

以前,你的妻子按时上下班、接孩子、做饭,即使是周末,也和你守在一起,但现在,她经常早出晚归,你打她电话,也是经常打不通;她经常称自己要加班或者和某个姐妹出去玩,另外,你的某个朋友或者熟人告知你的妻子与某个异性出入宾馆、饭店、电影院等。

3. 她突然对电话神秘兮兮的

以前,她最讨厌的是接你的电话,但突然从某一天起,她总是抢在你前面去接听电话,并且交谈的声音比往常低,交谈几句就匆匆挂断。

4. 往常的工作习惯、生活习惯突然改变

你的妻子工作时间突然无故延长;加班的次数变得频繁;对单位的一切活动,如舞会、联谊会、旅游等参加得比往常积极。

5. 可疑的物品

你的妻子经常带回鲜花、礼物或纪念品;你帮她洗衣服时发现情人节卡或某酒店、舞厅的优惠卡;你与妻子很久没有过性生活了,但突然从她衣服的口袋里或提包里发现了避孕套或避孕药。

6.“身在曹营心在汉”

在家里时,你的妻子总是坐卧不安、心神不宁,做梦的时候还会呼唤着另外一个异性的名字,曾经,她对你照顾得体贴入微,而现在,她好像看不见你似的。

7. 同事、邻居、同学、朋友看你的眼神很特别

不得不承认,“当局者迷”,当你的妻子有外遇时,通常知道最晚的是你自己,你的同事、邻居、同学或朋友可能先于你知道,当他们亲眼看到或风闻你的妻子有外遇时,想告诉你又担心你承受不了,所以,他们看你的眼神总是显得与往常不一样。

8. 对于你的坏习惯,她似乎一下子又能忍受了

如果你有赌博、酗酒等不良习惯,过去你的妻子一直唠叨着企图劝你改掉它,现在她却突然不再唠叨了。

以上所列,是女人情感“走私”的通常表现,但这并不是说,凡有上述表现者,就一定都有外遇。不过,可以肯定地是,在八种表现中如果有四种以上同时出现仍无收敛,那么,她情感“走私”的可能性就很大,值得注意或引起警惕了。

心理启示:

女人情感“走私”后,通常比男人更隐秘,更难察觉,因为她们的情感更细腻。为此,作为男人,在日常生活中最好还是对妻子多关心,以减少妻子出轨的可能性。

男人花心与否，你如何知道

有人说："男怕入错行，女怕嫁错郎"，对一个女人来说，如果你嫁的是一个花心的男人，那么，你的婚姻生活肯定是不幸的，为此，任何一个女人，都有必要尽早看清楚你的爱人是否花心。

我们先来看一个女人的自白：

我认识我老公的时候，他当时正在失恋。随后，他开始追我，那阵子我身体很不好，住在医院，他便天天去看我。但家里以及所有的朋友都反对我嫁他，其中一个朋友对我说，穷男人不能嫁，花心男人更不能嫁，如果又穷又花心，那就是火坑。他们告诉我他在我之前至少跟5个女人同居过。我没有介意，因为他并没有瞒我。结婚一个月后我怀孕了，到那时我才知道，他为了娶我，欠了很多债。我跟他商量，以后他的工资做日常开销，我的存起来，以备不时之需，他同意了。但因为我的工资比他高出很多，结果每个月发薪水那天，他都会发脾气。再后来女儿落地，他却在那个时候辞了职，说是要做生意。我把我全部的积蓄都给了他。

不幸的是，他根本不是做生意的料，钱全部赔掉了。孩子出生后三个月，我就开始上班了，因为家里实在没钱了。而就在那个时候，我发现他有了外遇。他对我坦白,说他过去的那个女朋友来找他了。我当时就哭了,但他向我保证,以后不会再做对不起我的事情。但不久,我就撞到他们在一起,那一次,他竟然当着她的面对我说离婚。那件事情对我打击很大,我病了很长时间。大概两个月后,他来找我,诅咒发誓甚至跪在我面前求我,我相信了他。不料,我又发现了他和那个女人的暧昧短信。最近我发现自己又怀孕了,我说等我把孩了流掉之后,咱们分开吧,他说不要老说这些话,我跟她没有可能的,你永远是我的老婆,他说想要这个孩子,但是被他伤了这么多次之后,真的很难再去相信他,我到底应该怎么办?

当我们听完这个故事之后,一定会说,这样的男人还有什么好留恋的?换句话说,如果这样的事情发生在她周围的任何一个朋友身上,估计她都会坚定地说:“离婚!”花心男人假如屡屡得手,必然是有恃无恐越发猖狂,同时,越来越把你当傻瓜。所以,尽早识破花心男人,既可维护社会安定,也可维护你的个人尊严。在这个问题上,女人绝不能心慈手软、姑息养奸。

可是,也许有些女人会问:怎样才能尽早识别身边的男人是不是花心呢?

1. 公共场合,看他对你的态度

有些男人私底下对自己的女朋友很好,甚至会提出一些亲热的要求,而一旦到了公共场合,他就装出一副不认识你或者和你不熟的样子,也不愿意把你介绍给他的朋友,那么,他肯定有问题。要对此进行判断,你不妨主动要求他把你介绍给他的熟人,注意观察他的表情;再或者,你可以主动靠近他,在他朋友面前做出亲昵的举动,要是他的朋友知道他和别的女人有染,他一定会因此狼狈不堪。

2. 看看他不是真的在忙

有些男人经常向自己的女朋友谎报自己正在加班、见客户，其实，他们是为了与其他女人约会，对此，你不妨根据他说的，亲自去现场一查究竟，当然，对于你的突然到访你要找个好点的借口，例如，顺路送点汤、在附近逛街等。如果结论是他说了谎，那你就需要重新认识这个男人了。需要指出的是，这一条务必慎重，仅凭本条是没法最终定案的。

3. 突然袭击——去他家，看他的反应

如果他是个专一的男人，那么，当他知道你已经在他家楼下，他一定会很高兴，然后亲自去楼下接你；而如果他是个花心的男人，那么，他家肯定有什么不可告人的秘密，当你提出突然要上去看看时，他一定会找借口推脱，如果他惊慌失措地出言拒绝，一定是心里有鬼，即使不是花心，也是难以信任的，和他交往还是小心为好。

4. 要清楚他的收支状况

男人花心也是需要付出代价的，至少他要在金钱上应付两个或者更多的女人。因此，你要多留个心眼，如果他莫名其妙地花去了一大笔钱却没有告诉你，或者在他的口袋里发现了某些适合男女约会的场所的收据，那么，你最好搞清楚真相。

5. 看他的手机状态及接听方式

那些花心的男人通常在对待自己的手机上会有以下表现：回家后总是把手机小心翼翼地放在自己身边，而且，无论是来电铃声还是短消息的提示音，他都会第一时间拿起独自查看，回复短消息也是悄然进行。

如果你想拿他手机打个电话，他有问题的话，肯定找个办法拒绝，实在无法拒绝的时候，他会监视着你使用电话，即便如此，在你借用电话时也仍会让他坐立不安和惶恐不安，一旦发现你有查阅手机记录的迹象，就会立马抢夺手机。

6. 看他身上残留的香水味道

女人一般都有自己钟爱的香水品牌，所以，如果有一天他的身上残留着你认为陌生的香味，那他就很可能与别的女人有染了。这是一条很古老的鉴别方法，非常有效。

心理启示：

花心的男人为了掩饰自己的花心，通常会做出一些“奇怪”的举动，为此，女人们，只要细心观察，就能找到蛛丝马迹。当然，如果他是个花心的男人，最好还是趁早斩断情丝。

参考文献

[1]张国庆.解码潜意识[M].北京:中国纺织出版社,2013.

[2]刘瑞军.解码微反应[M].北京:中国纺织出版社,2013.

[3]刘瑞军.解码微表情[M].北京:中国纺织出版社,2013.

[4]孔伟明.微行为[M].北京:石油工业出版社,2013.

[5]孙科炎.微行为[M].北京:机械工业出版社,2012.